프로에게 사진으로 쉽게 배우는
블라우스 만들기

프로에게 사진으로 쉽게 배우는

블라우스 만들기

이광훈 · 정혜민 · 임병렬 공저

프로에게 사진으로 쉽게 배우는 DIY 2

블라우스 만들기

발행일 | 2006년 10월 20일 초판 1쇄 발행

저자 | 이광훈 · 정혜민 · 임병렬 공저
발행인 | 강학경
발행처 | (주)시그마프레스
편집 | 이상화
교정 · 교열 | 문수진

등록번호 | 제10-2642호
주소 | 서울특별시 마포구 성산동 210-13 한성빌딩 5층
전자우편 | sigma@spress.co.kr
홈페이지 | http://www.sigmapress.co.kr
전화 | (02)323-4845~7(영업부), (02)323-0658~9(편집부)
팩스 | (02)323-4197

인쇄 | 백산인쇄   제본 | 백산인쇄

ISBN   89-5832-211-X   가격 | 23,000원
ISBN   978-89-5832-211-5

머리말

늘날 패션 산업은 인간의 생활 전체를 대상으로 커다란 변화를 가져오게 되었다. 특히 의류에 관한 직업에 종사하는 직업인이나 학습을 하고 있는 학생들에게 있어서 의복제작에 관한 전문적인 지식과 기술을 습득하는 것은 매우 중요한 일이다.

본서는 '이제창작디자인연구소'가 졸업 후 산업현장에서 바로 적응할 수 있도록 패턴제작과 봉제에 관한 교재 개발을 목적으로 패션업계에서 50여 년간 종사해 오시면서 많은 제자들을 육성해 내신 임병렬 선생님과 함께 실제 패션 산업현장에서 이루어지고 있는 제도와 봉제 방법에 있어서 패턴에 대한 교육을 받아본 적 없고, 옷을 만들어본 경험도 없는 초보자도 단계별로 색을 넣어 실제 자를 얹어 놓은 그림 및 컬러 사진을 보아 가면서 쉽게 따라할 수 있도록 구성한 10권의 책자(스커트 제도법, 팬츠 제도법, 블라우스 제도법, 원피스 제도법, 재킷 제도법과 스커트 만들기, 팬츠 만들기, 블라우스 만들기, 원피스 만들기, 재킷 만들기) 중 블라우스의 봉제법 부분을 소개한 것이다.

제도에서 봉제까지 옷이 만들어지는 과정에 있어서 기본적인 지식이나 기술을 습득하고, 자기 능력 계발에 도움이 되었으면 하는 바람에서 미흡한 면이 많은 줄 알지만 앞으로 계속 수정 · 보완해 나가기로 하고 감히 출간에 착수하였다. 보다 알찬 내용의 책이 될 수 있도록 많은 관심과 지도 편달을 경청하고자 한다.

끝으로 동영상 제작에 도움을 주신 영남대학교 한성수 교수님을 비롯하여 섬유의류정보센터의 권오현, 배한조 연구원님과 출판에 협조해 주신 (주)시그마프레스의 강학경 사장님, 이상덕 차장님과 편집부 여러분께 깊은 감사의 뜻을 표한다.

2006년 9월 이광훈, 정혜민

봉제를 시작하기 전에…

본서에서는 잘 보이게 하기 위하여 실의 색을 겉감 원단의 색과 다른 색을 사용했으나 실제 봉제를 하시는 분은 겉감 원단 색과 동일 또는 유사한 색을 사용하기 바란다. 또한 실제 산업현장에서는 단계별로 다림질을 해 가면서 작업하는 것은 아니나, 여기서는 초보자도 쉽게 따라할 수 있도록 하기 위하여 단계별로 설명을 했다.

소재의 선택…

디자인이나 상 · 하의와의 조화, 착용 목적에 따라서 색 · 무늬 · 직물의 조직 등을 선택한다. 일반적인 블라우스의 소재로는 브로드, 리플, 피케, 깅엄, 새틴, 면 개버딘, 데님, 면 레이스 등이 적합하며, 슬림 실루엣의 경우에는 스트레치 소재가 많이 사용되고 있다. 고급스러운 느낌의 경우에는 실크나 얇은 조젯, 화섬 등을 사용하면 우아하면서 고급스러운 느낌을 준다. 계절에 따라 약간 두꺼운 소재로는 코듀로이, 벨벳 등을 사용하기도 한다. 그러나 특히 초보자의 경우에는 무지, 또는 심플한 소재의 면이나 모, 마직물 등을 선택하는 것이 좋으며, 익숙해 지신 분들은 화섬이나 견과 같은 소재, 무늬가 들어가 있는 소재 등 다양하게 선택해도 좋다.

차 례

Blouse

블라우스의 기능성

블라우스란 상반신에 착용하는 의복의 총칭으로, 착용 방법에 따라 하의(스커트나 팬츠) 위로 블라우스의 밑단 쪽을 빼내어 입는 오버 블라우스(그림 1)와 하의 속으로 블라우스의 밑단 쪽을 넣어 입는 턱인 블라우스 또는 언더 블라우스 (그림 2) 스타일이 있으며, 또한 디자인이나 소재, 착용목적에 따라 명칭도 다양하다. 상반신의 일상적인 동작은 그림 3에서 보는 바와 같이 팔을 벌리거나, 위로 올리거나, 물건을 안거나 하는 등의 일상동작에 있어서 특히 뒤 겨드랑이점 부근에서 당김이 많이 생기게 된다. 이 상반신의 움직임에 방해가 되지 않으면서 아름답게 기능하는 블라우스를 만들기 위해서는 정확한 치수의 계측이 무엇보다 중요하며, 정확한 계측을 바탕으로 실루엣에 적합한 적당한 여유분을 넣어 제도하였을 때 비로소 아름답게 몸에 맞는, 착용감이 좋은 블라우스를 만들 수 있다.

블라우스의 밑단 쪽을 스커트
나 팬츠 속으로 넣지 않고 밖
으로 빼내어 입는 블라우스

그림 ❶ 오버 블라우스(Over Blouse)

블라우스의 밑단 쪽을 스커트
나 팬츠 속으로 넣어 입는 블
라우스

그림 ❷ 턱인 블라우스(Tuck in Blouse)

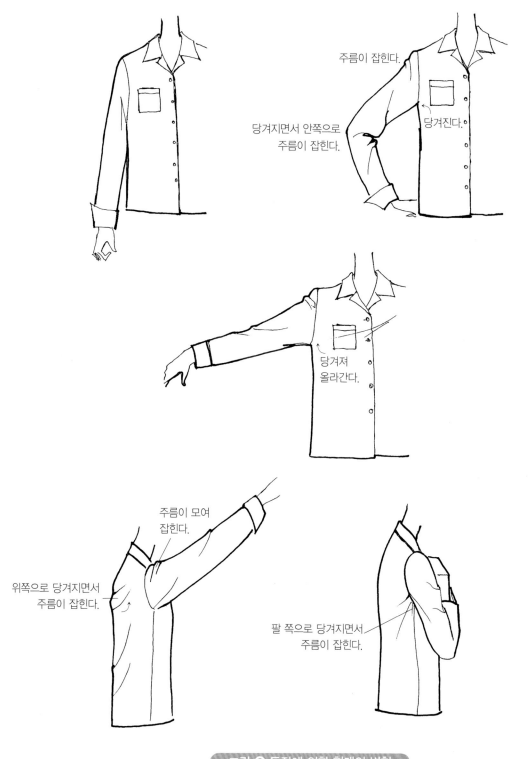

주름이 잡힌다.

당겨진다.

당겨지면서 안쪽으로
주름이 잡힌다.

당겨져
올라간다.

주름이 모여
잡힌다.

위쪽으로 당겨지면서
주름이 잡힌다.

팔 쪽으로 당겨지면서
주름이 잡힌다.

그림 ❸ 동작에 의한 형태의 변형

소매 달림 위치와 소매길이에 대한 명칭 해설

- **보통소매 | Set-in Sleeve**
  정상적인 진동둘레선 위치에 달리는 소매를 말하며, 가장 기본적인 방법으로 다는 소매

- **드롭 숄더 슬리브 | Dropped Shoulder Sleeve**
  정상적인 어깨끝점에 소매가 달리지 않고 어깨선에서 떨어진 느낌으로 달린 소매

- **에포 렛 슬리브 | Eqaulet Sleeve**
  소매산이 가는 요크 상태로 목둘레선까지 연결된 소매

- **래글런 슬리브 | Raglan Sleeve**
  진동둘레가 정상적인 암홀에 위치하지 않고 목선에서 바로 소매산이 되는 것과 같은 소매

- **민소매 | Sleeve-less or No Sleeve**
  소매가 없음

- **반소매 | Half Sleeve**
  3부 소매, 4부 소매, 5부 소매(Elbow Length Sleeve-팔꿈치 정도까지 길이의 소매)

- **7부 소매 | Three Quarter Sleeve**
  어깨끝점에서 손목까지 3/4 길이의 소매

- **긴소매 | Wrist Length Sleeve**
  어깨끝점에서 손목까지 길이의 소매

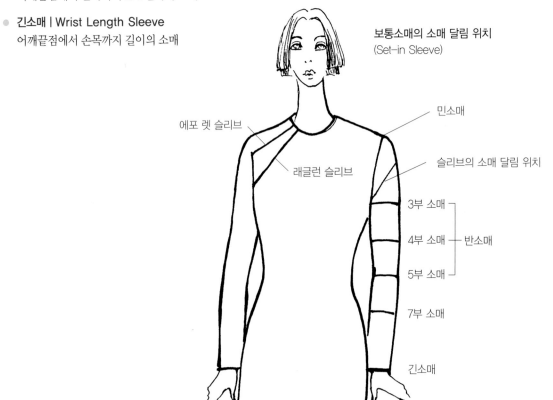

보통소매의 소매 달림 위치
(Set-in Sleeve)

민소매

슬리브의 소매 달림 위치

에포 렛 슬리브

래글런 슬리브

3부 소매
4부 소매 — 반소매
5부 소매

7부 소매

긴소매

성인 여성 의류 참고 치수표

단위 : cm

부위	호칭 참고 회사	54	65	66	67	67
가슴둘레(B)	A사	88	92	96	101	
	B사	86	90	94	98	
	C사	87	91	95	99	
허리둘레(W)	A사	72	76	81	87	
	B사	71	75	79	83	
	C사	71	75	79	83	
엉덩이둘레(H)	A사	96.5	100.5	104.5	109.5	
	B사	93	97	101	105	
	C사	93	97	101	105	
등길이	A사	38	38.6	39.2	39.9	
	B사	37.5	38.1	38.7	39.3	
	C사	38	38.6	39.2	39.8	
앞길이	A사	40.5	41.1	41.7	42.4	
	B사	40.	40.6	41.2	41.8	
	C사	40.5	41.1	41.7	42.3	
어깨너비	A사	38.5	39.1	39.7	40.5	
	B사	38	39	40	41	
	C사	38	39	40	41	
소매길이	A사	59.5	60.1	60.7	61.4	
	B사	60.5	61.1	61.7	62.3	
	C사	60.5	61.1	61.7	62.3	
소맷단 폭	A사	26.5	27.5	28.5	29.5	
	B사	25.5	26.5	27.5	28.5	
	C사	25.5	26.5	27.5	28.5	
소매통	A사	31.5	32.9	34.3	35.9	디자인에 따라 변화
	B사	30	31.4	32.8	34.2	
	C사	31	32.8	33.2	34.6	
소맷단	A사		+0.6	+0.6	+0.7	
	B사		+0.6	+0.6	+0.7	
	C사		+0.6	+0.6	+0.7	
스커트 길이	A사	60	62	63	63.5	디자인에 따라 변화
	B사	62	63	64	66	
	C사					
진동 깊이	A사		+0.6	+0.6	+0.7	
	B사		+0.6	+0.6	+0.7	
	C사		+0.6	+0.6	+0.7	

여기서는 계측 치수가 아닌 3개 회사의 제품 치수를 참고 치수로 기입해 두고 있으므로
각자의 계측 치수와 비교해 보고 참고로만 한다.

올바른 계측

피 계측자는 계측 시 속옷을 착용하고, 허리에 가는 벨트를 묶는다. 계측자는 피계측자의 정면 옆이나 측면에 서서 줄자가 정확하게 인체 표면에 닿으면서 수평을 유지하는지 확인하면서 계측한다.

주 : 줄자를 잡기 위해 집게손가락 한 개가 안으로 들어가게 되는데, 이것이 여유분으로 잡히게 되는 것이다.

계측 부위와 계측법

가슴둘레(Bust)

유두점을 지나 줄자를 수평으로 돌려 가슴둘레 치수를 잰다.

허리둘레(Waist)

벨트를 조였을 때 가장 자연스러운 위치의 허리둘레 치수를 잰다.

엉덩이둘레(Full Hip)

너무 조이지 않도록 주의하여 엉덩이의 가장 굵은 부분을 수평으로 돌려 엉덩이둘레 치수를 잰다. 단, 대퇴부가 튀어나와 있거나 배가 나와 있는 체형은 셀로판지나 종이를 대고 엉덩이둘레 치수를 잰다.

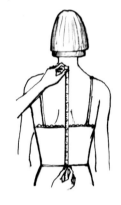

등길이(Back Waist Length)

허리에 가는 벨트를 묶고 나서 뒤 목점(제7경추)에서 허리선까지의 길이를 잰다.

앞길이
(From Side Neck Point to Waist)

옆 목점에서 유두점을 지나 허리선까지의 길이를 잰다.

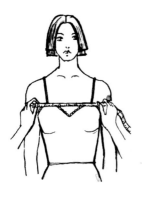

앞품(Chest Width)

바스트 위의 좌우 앞 겨드랑이 점 사이의 너비를 잰다.

진동둘레(Armpit Circumference)

어깨점과 앞뒤 겨드랑이 점을 지나 겨드랑이 밑으로 돌려 진동둘레 치수를 잰다.

소매길이(Arm Length)

어깨 끝점에서 조금 구부린 팔꿈치의 관절을 지나서 손목의 관절까지의 길이를 잰다.

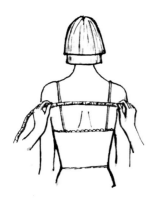

뒤품(Back Width)

견갑골 부근의 좌우 뒤 겨드랑이 점 사이의 너비를 잰다.

목둘레(Neck Circumference)

앞 목점, 옆 목점, 뒤 목점(제7경추)을 지나는 목둘레 치수를 잰다.

손목둘레(Wrist Circumference)

손목의 관절을 지나도록 돌려 손목둘레 치수를 잰다.

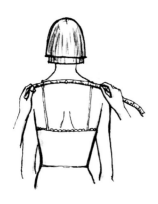

어깨너비(Between Shoulders)

뒤 목점(제7경추)을 지나 좌우 어깨끝점 사이의 너비를 잰다.

위팔둘레(High arm Circumference)

위팔의 가장 굵은 곳의 위팔둘레 치수를 잰다.

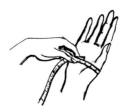

손바닥둘레(Palm Circumference)

엄지손가락을 가볍게 손바닥 쪽으로 오그려서 손바닥둘레 치수를 잰다.

뒤길이
(From Side Neck Point to Waist)

옆 목점에서 견갑골을 지나 허리선까지의
길이를 잰다.

주 등이 굽은 체형의 경우와 편물지(니트)
의 패턴 제도시에만 계측한다.

유두 간격(Between Bust Point)

좌우 유두점 사이의 직선 거리를 잰다.

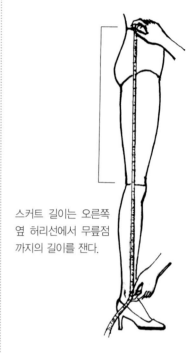

스커트 길이는 오른쪽
옆 허리선에서 무릎점
까지의 길이를 잰다.

바지/스커트 길이
(Pants and Skirt Length)

바지 길이는 오른쪽 옆 허리선에서 복사
뼈 점까지의 길이를 잰다.
치수를 기준으로 하고, 디자인에 맞추어
증감한다.

유두길이(From Side Neck Point to
Bust Point)

옆 목점에서 유두점까지의 길이를 잰다.

총 길이/드레스 길이
(Full Length/Dress Length)

뒤 목점(제7경추)에서 수직으로 줄자를 대
고 허리 위치에서 가볍게 누르고 나서 원
하는 길이를 정한다.

제도기호

완성선
굵은 선. 이 위치가 완성 실루엣이 된다.

안내선
짧은 선. 원형의 선을 가리킨 완성선을 그리기 위한 안내선. 점선은 같은 위치를 연결하는 선.

안단선
안단의 폭이 앞 여밈단으로부터 선의 위치까지라는 것을 가리킨다.

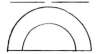

골선
조금 긴 파선. 천을 접어 그 접은 곳에 패턴을 맞추어서 배치하라는 표시.

꺾임선, 주름산 선
짧은 중간 굵기의 파선. 칼라의 꺾임선, 팬츠의 주름산 선.

식서 방향(천의 세로 방향)
천을 재단할 때 이 화살표 방향에 천의 세로방향이 통하게 한다.

외주름   겉 핀턱   안 핀턱   맞주름   턱

플리츠, 턱의 표시
플리츠나 턱으로 되는 것의 접히는 부분을 가리키는 것으로, 사선이 위를 향하고 있는 쪽이 위로 오게 접는다.

단춧구멍 표시
단춧구멍을 뚫는 위치를 가리킨다.

오그림 표시
봉제할 때 이 위치를 오그리라는 표시.

늘림 표시
봉제할 때 이 위치를 늘리라는 표시.

직각의 표시
자를 대어 정확히 그린다.

접어서 절개
패턴의 실선 부분을 자르고, 파선 부분을 접어 그 반전된 것을 벌린다.

절개 I
패턴을 절개하여 숫자의 분량만큼 잘라서 벌린다.

절개 II
화살표 끝의 위치를 고정시키고 숫자의 분량만큼 잘라서 벌린다.

등분선
등분한 위치의 표시.

털의 방향
코르덴이나 모피 등 털이 있는 것을 재단할 때 화살표 방향에 털 방향을 맞춘다.

서로 마주 대는 표시
따로 제도한 패턴을 서로 마주대어 한 장의 패턴으로 하라는 표시. 위치에 따라 골선으로 사용하는 경우도 있다.

단추 표시
단추 다는 위치를 가리킨다.

개더 표시
개더 잡을 위치의 표시.

다트 표시
다트가 끝나는 점의 위치 표시.

지퍼 끝 표시
지퍼 달림이 끝나는 위치.

봉제 끝 위치
박기를 끝내는 위치.

블라우스의 기본 원형 제도법

제도 치수 구하기

계측 치수	계측 치수의 예	자신의 계측 치수	제도 각자 사용시의 제도 치수	일반 자 사용시의 제도 치수	자신의 제도 치수
가슴둘레(B)	86cm		$B°/2$	$B/4$	
허리둘레(W)	66cm		$W°/2$	$W/4$	
엉덩이둘레(H)	94cm		$H°/2$	$H/4$	
등길이	38cm		치수 38cm		
앞길이	41cm		41cm		
뒤품	34cm		뒤 품 / 2 = 17		
앞품	32cm		앞 품 / 2 = 17		
유두길이	25cm		25cm		
유두 간격	18cm		유두 간격 / 2 = 9cm		
어깨너비	37cm		어깨 너비 / 2 = 18.5cm		
진동깊이			$B°/2 = B/4$		
소매산 높이			(진동깊이 / 2)+4cm		

주 진동깊이 = B/4의 산출치가 20~24cm 범위 안에 있으면 이상적인 진동깊이의 길이라 할 수 있다. 따라서 최소치는 20cm, 최대치는 24cm까지이다(이는 예를 들면 가슴둘레 치수가 너무 큰 경우에는 진동깊이가 너무 길어 겨드랑이 밑 위치에서 너무 내려가게 되고, 가슴둘레 치수가 너무 적은 경우에는 진동깊이가 너무 짧아 겨드랑이 밑 위치에서 너무 올라가게 되어 이상적인 겨드랑이 밑 위치가 될 수 없다. 따라서 B/4의 산출치가 20cm 미만이면 뒤 목점(BNP)에서 20cm 나간 위치를 진동깊이로 정하고, B/4의 산출치가 24cm 이상이면 뒤 목점(BNP)에서 24cm 나간 위치를 진동깊이로 정한다).

자신의 각 계측 부위를 계측하여 빈칸에 넣고 제도 치수를 구해 둔다.

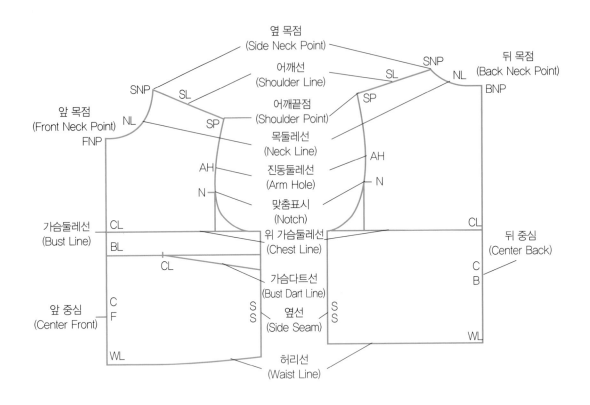

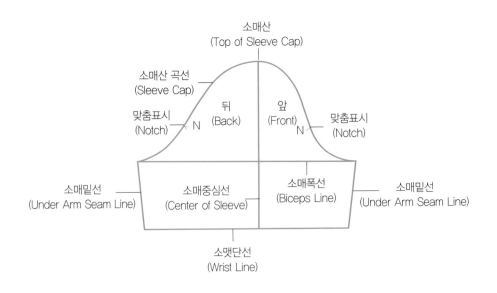

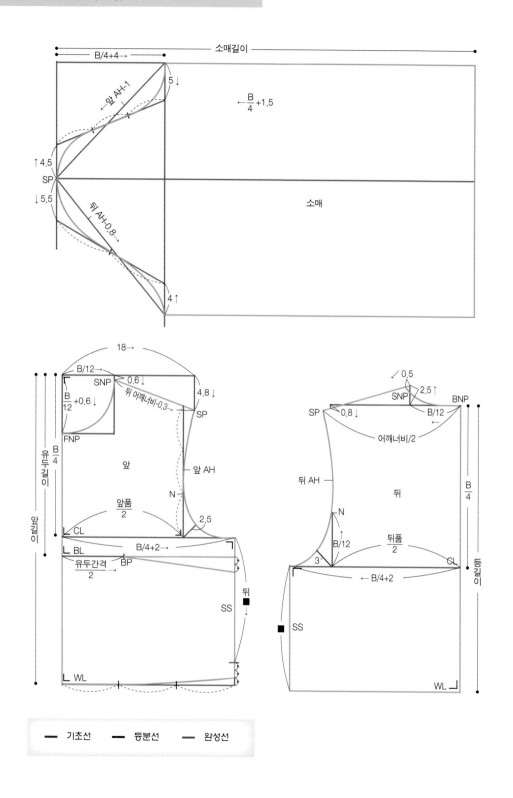

셔츠 칼라 ✳ 반소매 블라우스

Shirt Collar · Half Sleeve Blouse

○ 실루엣

　목둘레를 자연스럽게 따르는 셔츠 칼라와 카브라를 넣은 반소매, 앞뒤 허리 다트를 넣어 허리를 피트시키면서 가슴에 작은 패치포켓을 넣은 캐주얼한 느낌의 가장 기본적인 블라우스다. 블라우스의 밑단을 스커트나 팬츠 위로 내어서 겉옷처럼 착용할 수 있는 스타일이다.

○ 소재

　면, 마, 화섬 등과 울 소재로는 얇은 울인 샤리나 트로피컬 등이 적합하며, 특히 이 디자인은 슬림한 실루엣이므로 스트레치 소재를 사용하는 것이 좋다. 색이나 무늬는 스커트나 팬츠와의 조합을 고려하여 선택하는 것이 좋다.

○ 포인트

　안단에 접착심지 붙이는 법, 셔츠칼라를 만들어 다는 법, 패치포켓 만들어 다는 법, 허리 다트 처리법, 어깨선과 옆선을 통솔로 처리하는 법, 카브라를 넣은 반소매 만드는 법, 소매 다는 법을 배운다.

제도법

● 소매제도는 소매원형 제도법과 동일하므로 앞
뒤 AH 치수를 재어 같은 방법으로 제도한다.

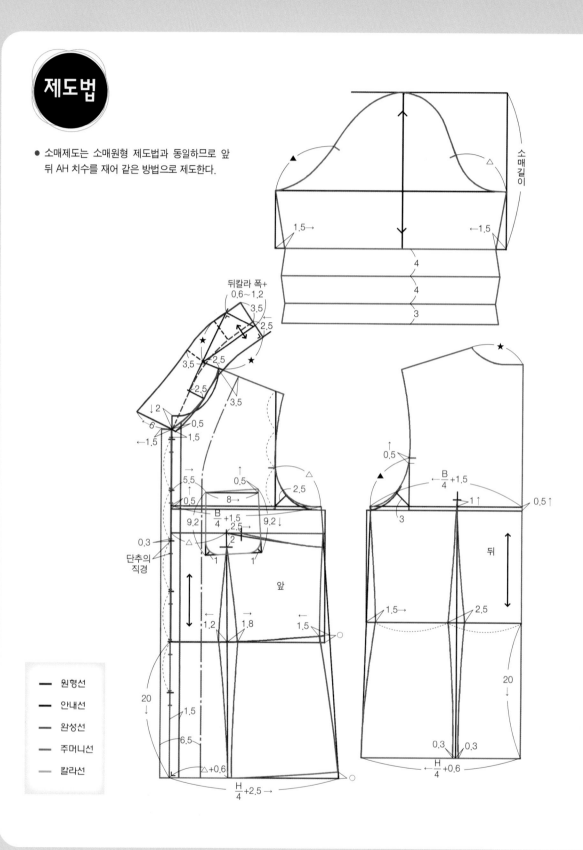

소매길이

뒤칼라 폭+
0.6~1.2

단추의
직경

앞

뒤

원형선
안내선
완성선
주머니선
칼라선

$\frac{B}{4}$+1.5

$\frac{H}{4}$+2.5 →

$\frac{H}{4}$+0.6

재단법

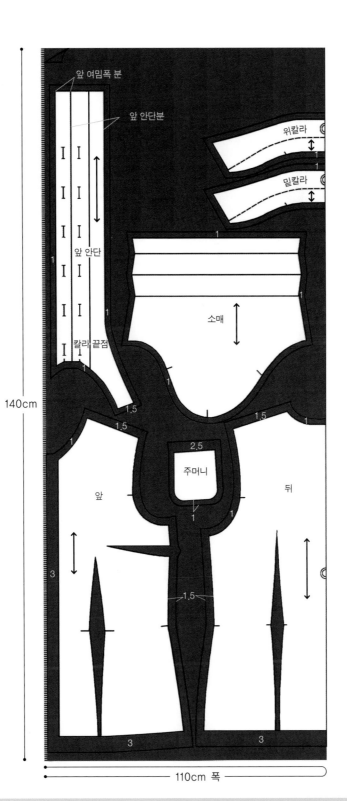

앞 여밈폭 분

앞 안단분

위칼라

밑칼라

앞 안단

1

소매

칼라 끝점

1.5

1.5

1

2,5

주머니

앞

뒤

1

140cm

3

1.5

3

3

110cm 폭

01 표시를 한다.

01 재단시 분필 초크로 그려진 완성선 쪽이 위쪽으로 오게 하여 앞 안단과 앞뒤 몸판, 주머니, 위칼라와 밑칼라, 소매의 완성선에 실표뜨기로 표시를 한다.

도면 라벨:
- 앞 안단 (이면)
- 앞(이면)
- 포켓 (이면)
- 뒤(이면)
- 위칼라 (이면)
- 밑칼라(이면)
- 소매(이면)

02 접착심지를 붙인다.

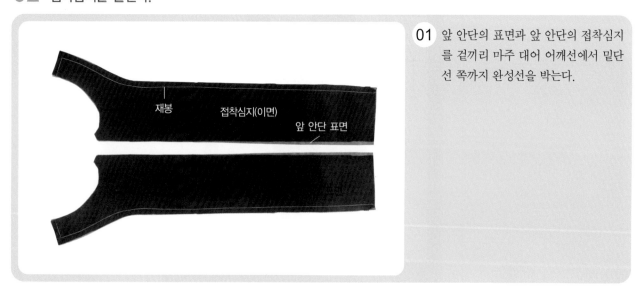

01 앞 안단의 표면과 앞 안단의 접착심지를 걸끼리 마주 대어 어깨선에서 밑단선 쪽까지 완성선을 박는다.

도면 라벨:
- 재봉
- 접착심지(이면)
- 앞 안단 표면

02 어깨선 쪽의 모서리 부분 시접을 0.3cm 남기고 삼각으로 잘라낸다.

앞 안단
(표면)

접착심지
(표면)

0.1
상침재봉

03 시접을 모두 접착심지 쪽으로 넘기고 0.1cm 폭으로 상침재봉을 하여 시접을 고정시킨다(이때 어깨선 쪽은 제외하고 박을 수 있는 곳까지만 박는다).

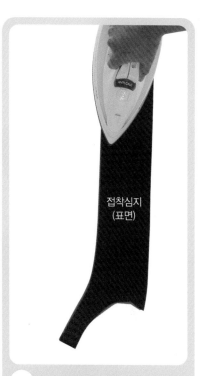

접착심지
(표면)

04 접착심지의 이면을 앞 안단의 이면 쪽으로 넘겨 접착시킨다(이때 다리미 끝을 이용하여 상침재봉한 쪽의 시접 부분을 눌러 접착시킨 다음, 접착심지 가당겨지지 않도록 맞추어 얹고 접착시키면 주름이 잡히는 일 없이 편편하게 접착된다).

위칼라
접착심지(표면)

밑칼라
접착심지(표면)

접착심지(표면)

왼쪽 주머니
(이면)

1

오른쪽 주머니
(이면)

05 위칼라와 밑칼라에 접착심지를 붙이고, 주머니 입구의 완성선에서 1cm 더 내려온 곳까지 접착심지를 붙인다.

03 앞판의 가슴다트와 허리다트, 뒤판의 허리다트를 박는다.

가슴다트 재봉

허리다트
재봉

앞
(이면)

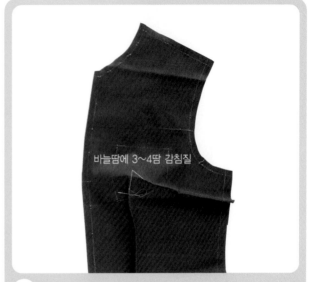

바늘땀에 3~4땀 감침질

02 다트 끝점에서 실 끝을 묶은 다음, 실을 바늘에 끼워
바늘땀에 3~4땀 감침질하고 실 끝을 잘라낸다.

01 앞판의 가슴다트와 허리다트를 박는다(이때 다트 끝
점에서는 되박음질을 하지 않고 실 끝을 조금 길게
남기고 잘라둔다).

뒤(이면)

허리다트
재봉

03 앞판과 같은 방법으로 뒤 허리다트를 박는다.

앞(이면)

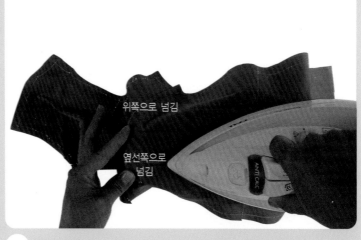

위쪽으로 넘김

옆선쪽으로 넘김

04 다트 끝점의 입체감을 잃지 않도록 프레스 볼 위에 얹어 앞판과 뒤판의 허리다트 시접은 옆선 쪽으로 넘기고, 앞판의 가슴다트 시접은 위쪽으로 넘겨 다림질한다.

04 주머니를 만들어 단다.

0.5 상침재봉

완성선

왼쪽 주머니 (이면)

오른쪽 주머니 (이면)

주머니 (표면)

0.5 촘촘한 홈질

오버로크 재봉

주머니 (표면)

01 주머니 입구의 완성선에서 안단 쪽으로 0.5cm 나가 상침재봉을 한다.

02 주머니 아래쪽 곡선 부분의 완성선에서 시접 쪽으로 0.5cm 나가 촘촘한 홈질을 한다.

03 주머니 입구의 안단 끝에 오버로크 재봉을 한다.

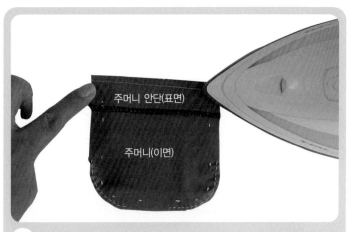

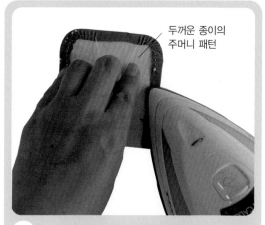

두꺼운 종이의
주머니 패턴

주머니 안단(표면)

주머니(이면)

04 주머니 입구의 안단을 완성선에서 이면 쪽으로 접어 다림질
한다.

05 주머니 패턴을 두꺼운 종이에 옮겨 그리고
주머니 이면의 아래쪽 완성선에 맞추어 얹고
촘촘한 홈질을 한 실을 당겨 오그리면서 주
머니 양 옆과 밑단시접을 접어 다림질한다.

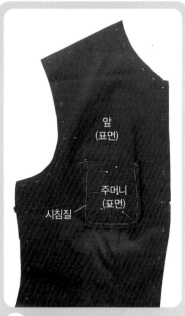

앞
(표면)

주머니
(표면)

시침질

0.5

2

0.1
스티치

앞(이면)

바늘땀에
3~4땀
감침질

06 앞판의 표면 쪽 주머니 다는 위
치에 주머니의 이면을 마주 대
어 맞추어 얹고 시침질로 고정
시킨다.

07 스티치하는 순서대로 주머니
입구 쪽을 삼각으로 박은 다음
주머니 주위를 0.1cm 폭으로
스티치한다.

주 : 박기 시작할 때와 끝나는 위치
에서 되박음질을 하지 않고 실을
조금 길게 남기고 자른다.

08 이면 쪽에서 밑실을 당겨 윗
실을 빼낸 다음 묶고, 윗실과
밑실을 바늘에 끼워 바늘땀에
3~4땀 감침질하고 실 끝을 잘
라낸다.

05 앞 몸판에 앞 안단을 연결한다.

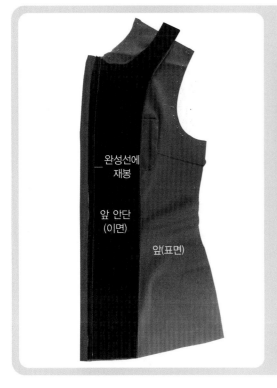

완성선에
재봉

앞 안단
(이면)

앞(표면)

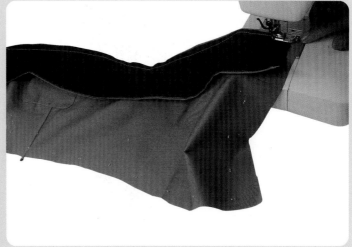

01 앞 몸판과 앞 안단을 겉끼리 마주 대어 완성선 표시끼리 맞추어
완성선을 박는다.

앞 안단
(이면)

앞(이면)

02 시접을 앞 안단 쪽으로 넘긴다.

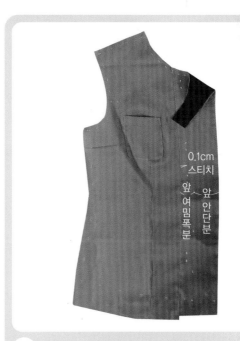

0.1cm
스티치

앞
여
밈
폭
분

앞
안
단
분

03 시접을 앞 안단 쪽으로 넘긴 상태에서 겉쪽에서
0.1cm에 스티치한다.

06 어깨선을 통솔로 처리한다.

01 앞판과 뒤판의 어깨선을 이면끼리 마주 대어 옆 목점과 어깨끝점의 표시끼리 맞추어 핀으로 고정시킨 다음, 앞판의 어깨선 길이가 뒤판의 어깨선 길이보다 짧으므로 약간 당겨 맞추고 핀으로 고정시킨다.

02 어깨선의 시접 끝에서 0.5cm 들어온 곳을 박는다.

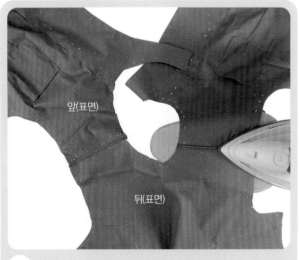

03 시접을 가른다.

04 앞판과 뒤판의 어깨선을 표면끼리 마주 대어 표시끼리 맞추고 완성선을 박는다.

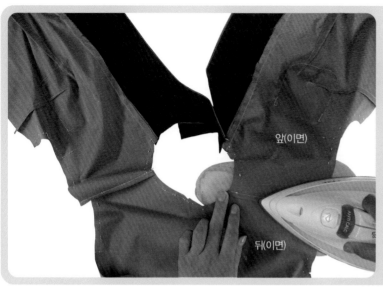

05 통솔시접을 뒤판 쪽으로 넘긴다.

앞(이면)

뒤(이면)

07 칼라를 만들어 단다.

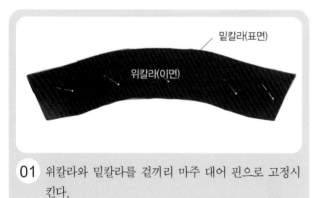

밑칼라(표면)

위칼라(이면)

01 위칼라와 밑칼라를 겉끼리 마주 대어 핀으로 고정시킨다.

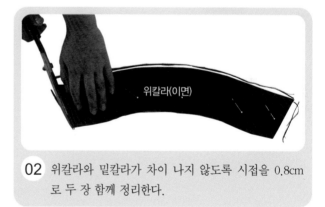

위칼라(이면)

02 위칼라와 밑칼라가 차이 나지 않도록 시접을 0.8cm로 두 장 함께 정리한다.

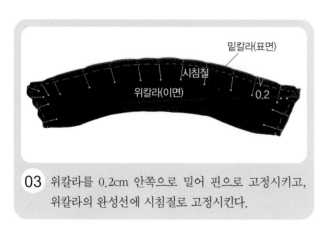

밑칼라(표면)

시침질

위칼라(이면)

0.2

03 위칼라를 0.2cm 안쪽으로 밀어 핀으로 고정시키고, 위칼라의 완성선에 시침질로 고정시킨다.

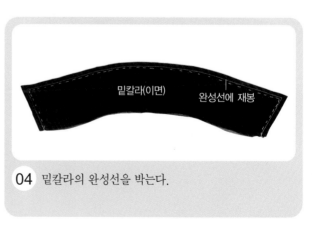

밑칼라(이면)

완성선에 재봉

04 밑칼라의 완성선을 박는다.

05 칼라의 모서리 시접을 0.3cm 남기고 삼각으로 잘라 낸다.

06 밑칼라 쪽이 위로 오게 하여 시접을 가른다.

07 겉으로 뒤집어서 밑칼라를 0.1cm 안쪽으로 밀어 다 림질한다.

주 : 겉으로 뒤집으면 천의 두께분만큼 밑칼라가 밀리게 되므 로 반드시 0.1cm라고 할 수는 없고, 천의 두께에 따라 달라 질 수 있다.

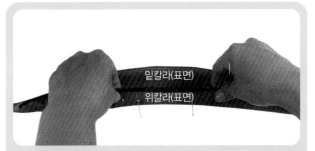

08 밑칼라가 위쪽으로 오도록 놓고 위칼라와 함께 칼라 의 꺾임선에서 접으면 천의 두께분만큼 위칼라 쪽이 밀려 밑칼라와 차이지게 된다. 이 여유분이 움직이지 않도록 핀으로 고정시킨다.

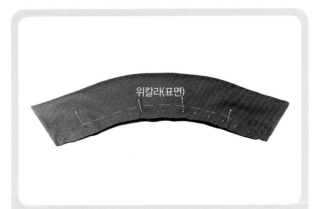

09 여유분이 움직이지 않도록 시침질로 고정시켜둔다.

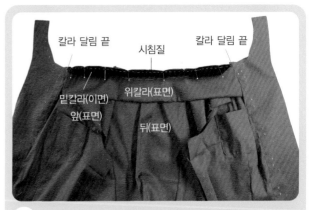

10 몸판의 표면 위에 밑칼라 쪽이 마주 닿도록 엎으면서 좌우 칼라 달림 끝점, 옆 목점, 뒤 목점의 표시끼리 맞 추어 위칼라를 젖히고 밑칼라만 핀으로 고정시킨 다음, 완성선에서 0.1cm 시접 쪽에 시침질로 고정시킨다.

밑칼라(이면)

완성선에 재봉
위칼라(표면)

11 위칼라를 젖히고
밑칼라의 완성선
을 박는다.

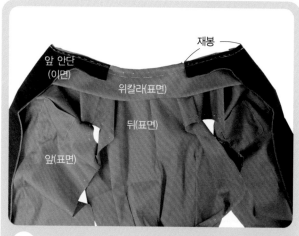

앞 안단
(이면)

재봉

위칼라(표면)

뒤(표면)

앞(표면)

12 위칼라 위에 앞 안단의 표면을 마주 대어 앞단선에서
접고, 완성선에서 0.1cm 시접 쪽에 시침질로 고정시
킨 다음, 앞단선에서 어깨선까지 완성선을 박는다.

13 목둘레선의 시접을 0.6cm로 정리한다.

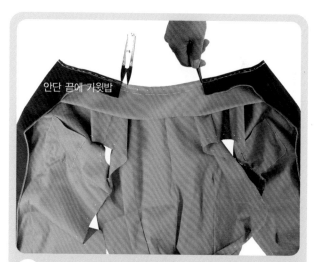

안단 끝에 가윗밥

14 좌우 앞 안단의 어깨선 끝 위치에서 몸판과 밑칼라,
위칼라 세 장의 시접에 함께 가윗밥을 넣는다.

15 곡선 부분에 가윗밥을 넣는다.

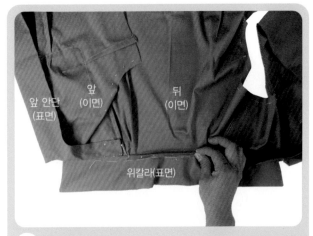

16 앞 안단을 겉으로 뒤집어서 앞단선에서 어깨선 끝 가
윗밥을 넣은 위치까지의 시접은 몸판 쪽으로 넘기고,
남은 뒤 목둘레선 쪽의 시접은 칼라 쪽으로 넘긴 다음,
위칼라의 시접을 접어 넣고 핀으로 고정시킨다.

17 0.1cm 폭으로 스
티치하여 위칼라
를 고정시킨다.

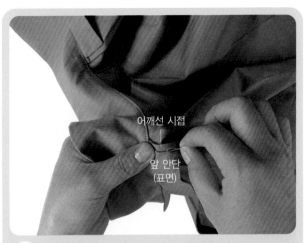

18 앞 안단의 어깨선을 몸판의 어깨선 시접에 감침질
로 고정시킨다.

19 칼라 주위를 0.1cm 폭으로 스티치한다.

08 옆선을 통솔로 처리한다.

01 앞판과 뒤판을 이면끼리 마주 대어 옆선의 표시끼리 맞추고 핀으로 고정시킨다.

02 옆선의 시접 끝에서 0.5cm 들어와 박는다.

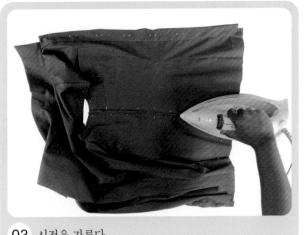

03 시접을 가른다.

앞(이면)

뒤(이면)

04 앞판과 뒤판을 겉끼리 마주 대어 옆선의 표시끼리 맞추어 핀으로 고정시킨다.

앞(이면)

완성선에 재봉

05 옆선의 완성선을 박는다.

06 통솔시접을 뒤판 쪽으로 넘겨 다림질한다.

09 소매를 만들어 단다.

01 소매산의 완성선에서 0.2cm 시접 쪽에 시침재봉을 한
다음, 그곳에서 다시 0.3cm 시접 쪽으로 나가 다시 한
줄 시침재봉을 한다(이때 시침재봉은 앞뒤 소매맞춤
표시에서 3~5cm 정도 더 내려온 곳까지 한다).

02 소매밑선의 시접에 오버로크 재봉을 한다.

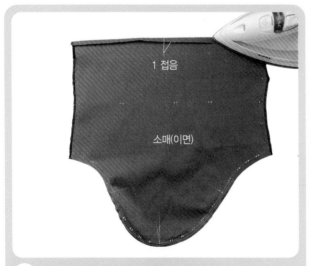

03 소매 카브라 안단의 시접을 1cm 이면 쪽으로 접어 표
시해 둔다.

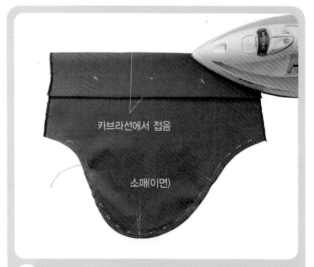

04 소매의 카브라 완성선에서 이면 쪽으로 접어 표시해
둔다.

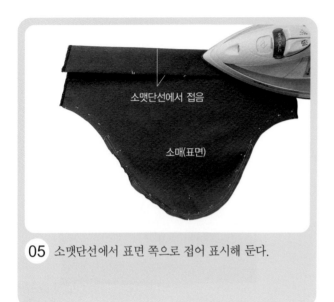

05 소맷단선에서 표면 쪽으로 접어 표시해 둔다.

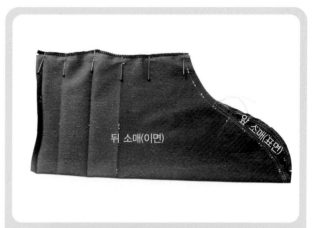

06 3번에서 5번까지 접어 표시해 둔 카브라선을 모두 내린 상태로 소매밑선을 겉끼리 마주 대어 표시끼리 맞추고 핀으로 고정시킨다.

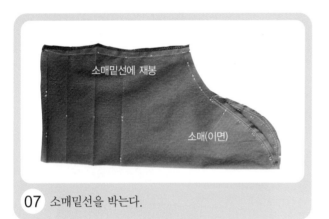

07 소매밑선을 박는다.

08 시접을 가른다.

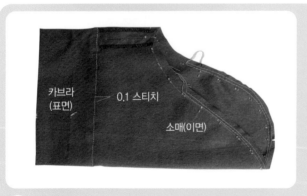

09 카브라선에서 이면 쪽으로 접어 올리고 카브라 안단시접의 접은선에서 0.1cm에 스티치한다.

10 카브라선에서 0.1cm에 스티치한다.

11 카브라를 소맷단 완성선에서 표면 쪽으로 접어 올리고, 소매밑선과 소매 중심선 쪽을 0.5cm 들어간 곳에 속감치기로 고정시킨다.

12 소매산 곡선에 시침재봉한 윗실 두 올을 함께 당겨 소매산을 몸판의 진동둘레 치수에 맞게 오그린다.

13 오그린 소매산의 시접을 프레스 볼의 곡선 모양에 맞추어 얹고 다리미 끝을 이용하여 오그린 시접을 눌러준다.

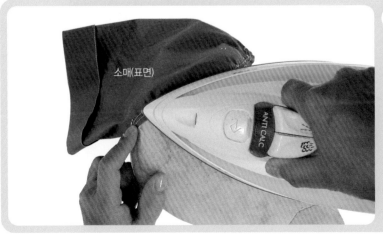

14 몸판의 이면 쪽으로 손을 넣어 소매산점을 몸판의 어깨끝점에 겉끼리 마주 닿도록 맞춘다.

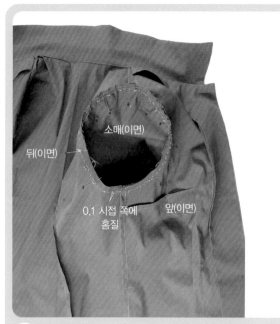

소매(표면)   몸판(표면)

소매(이면)
뒤(이면)
0.1 시접 쪽에 홈질
앞(이면)

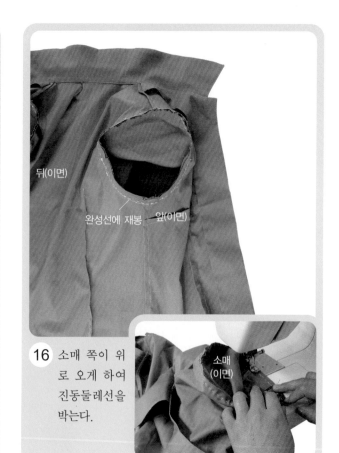

뒤(이면)
완성선에 재봉
앞(이면)
소매(이면)

15 먼저 소매의 이면 쪽에서 소매산점에 핀으로 고정시킨 다음, 좌우 소매맞춤 표시, 겨드랑 밑 표시끼리 맞추어 몸판 쪽에서 핀으로 고정시키고, 그 중간 중간에도 표시끼리 맞추어 핀으로 고정시킨 다음, 완성선에서 0.1cm 시접 쪽에 홈질로 고정시킨다.

16 소매 쪽이 위로 오게 하여 진동둘레선을 박는다.

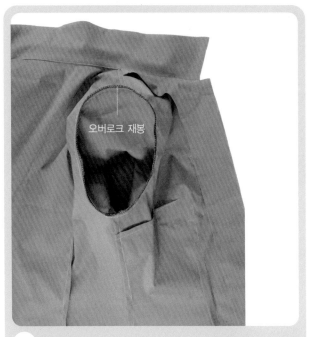

17 몸판과 소매의 시접을 두 장 함께 오버로크 재봉을 한다.

18 프레스 볼에 끼우고 다리미 끝을 이용하여 몸판 쪽까지 넘어가지 않도록 박음선만을 다림질한다.

10 앞단과 밑단선을 처리한다.

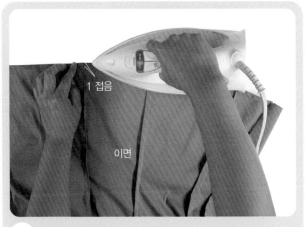

01 밑단선의 시접을 1cm 이면 쪽으로 접는다.

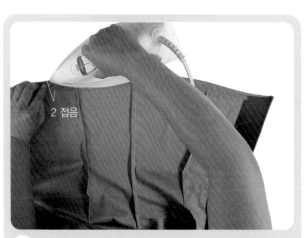

02 밑단선의 시접을 완성선에서 이면 쪽으로 접는다.

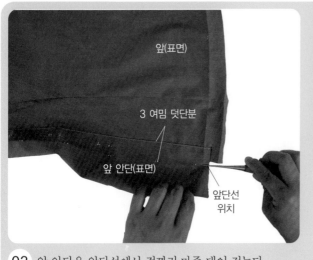

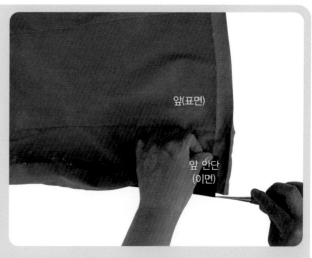

03 앞 안단을 앞단선에서 겉끼리 마주 대어 접는다.

04 앞 안단의 밑단선 쪽 완성선을 박는다.

05 앞 안단을 겉으로 뒤집은 다음, 밑단선 시접을 시침 질로 고정시킨다.

0.1 스티치

앞(표면)

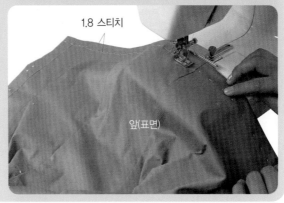

1.8 스티치

앞(표면)

0.1 스티치

1.8 스티치

06 앞단 쪽은 0.1cm 폭으로 겉쪽에서 스티치한 다음, 밑단선
쪽은 1.8cm 폭으로 스티치한다.

11 단춧구멍을 만들고 단추를 달아 완성한다.

12 마무리 다림질을 한다.

01 앞 오른쪽에 단춧구멍을 만들고, 앞 왼쪽에 단추를
달아 완성한다.

01 몸판 쪽은 편편한 다리미판 위에서 다림질 천을 얹고
스팀 다림질한다.

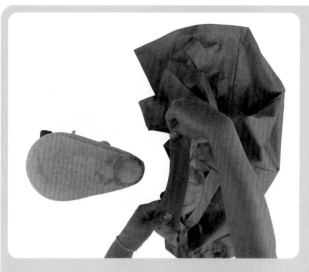

02 소매는 프레스 볼에 끼운 다음, 다림질 천을 얹고 스팀 다림질을 한다.

플랫 칼라 · 드롭프드 커프스의 7부 소매 ✳
패널라인 블라우스

Flat Collar · Three Quarter Sleeve of Dropped Cuffs ·
Panel Line Blouse

○ 실루엣

칼라 세움분이 거의 없이 몸판에 편편하게 연결된 느낌의 칼라인 플랫 칼라와 플레어가 들어간 드롭프드 커프스 7부 소매, 패널라인을 넣어 허리를 피트시킨 짧은 길이의 귀여우면서 여성스러운 느낌의 블라우스이다.

○ 소재

견이나 화섬의 부드러운 소재가 적합하다. 여기서는 면 편물지를 사용하였다.

○ 포인트

앞뒤 안단의 접착심지 붙이는 법, 패널라인과 옆선의 시접 처리법, 플랫 칼라 만들어 다는 법, 드롭프드 커프스의 처리법, 소매를 단 다음 바이어스 천으로 시접 처리하는 법을 배운다.

제도법

● 소매 제도는 원형 제도법과 동일
　하므로 앞뒤 AH 치수를 재어 같은
　방법으로 제도한다.

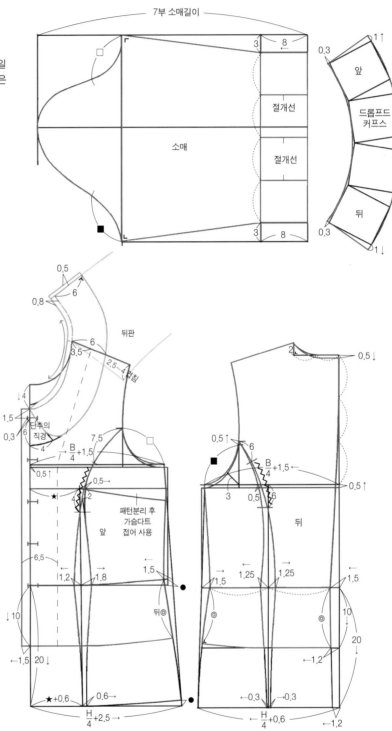

범례

—	원형선
—	안내선
—	완성선
—	칼라선

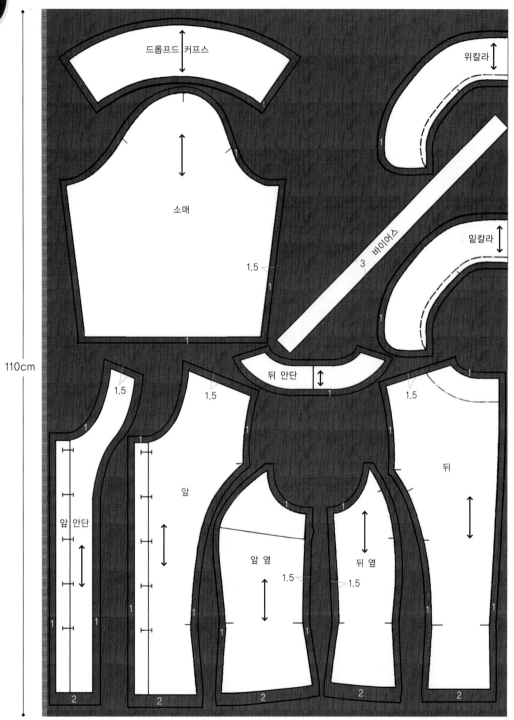

드롭프드 커프스

위칼라

소매

바이어스
3

밑칼라

1.5

뒤 안단

1.5

1.5

1.5

앞

뒤

110cm

앞 안단

앞 옆

뒤 옆

1.5
1.5

2

2

2

2

2

150cm 폭

01 표시를 한다.

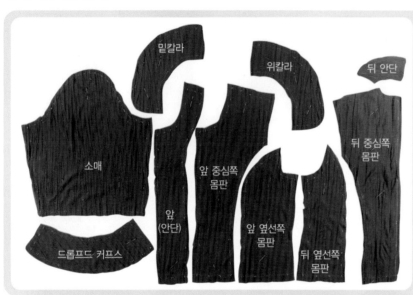

> 01 재단시 분필 초크로 그려진 완성선이 위쪽으로 오게 하여 앞 안단과 앞뒤 몸판, 위칼라와 밑칼라, 소매와 드롭프드 커프스의 완성선에 실표뜨기로 표시를 한다.

02 접착심지를 붙인다.

> 01 앞단과 앞뒤 네크라인, 앞뒤 진동둘레선, 앞뒤 옆판의 진동둘레선에 늘림 방지용 접착테이프를 붙인다.

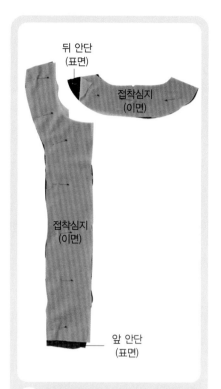

02 앞뒤 안단의 표면과 앞 안단의 접착심지를 겉끼리 마주 대어 핀으로 고정시킨다.

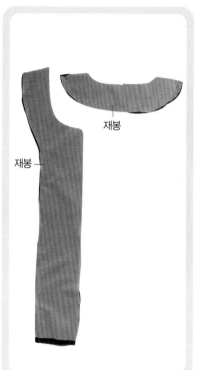

03 앞뒤 안단의 곡선쪽 완성선을 박는다.

04 시접을 접착심지 쪽으로 넘겨 0.1cm에 상침재봉을 한다.

05 시접을 0.5cm로 정리한다.

06 접착심지를 앞뒤 안단의 이면 쪽으로 넘겨 접착시킨다.

03 오버로크 재봉을 하고 시접을 처리해 둔다.

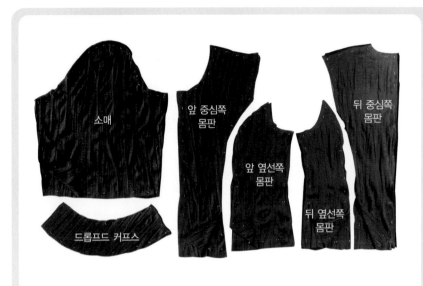

소매

앞 중심쪽
몸판

앞 옆선쪽
몸판

뒤 중심쪽
몸판

뒤 옆선쪽
몸판

드롭프드 커프스

01 앞판과 뒤판의 어깨선, 뒤판의 뒤 중심선, 앞뒤 옆 몸판의 옆선, 소매 밑선과 드롭프드 커프스의 소매밑선에 표면 쪽에서 오버로크 재봉을 한다.

0.5 접어 박음

소매(표면)

소매
(이면)

앞 옆선쪽
몸판(표면)

뒤
옆선쪽
몸판
(표면)

뒤 중심쪽
몸판(표면)

드롭프드 커프스
(이면)

앞 옆선쪽
몸판
(이면)

뒤 옆선쪽
몸판
(이면)

이면

0.5 접어
스티치

02 뒤판의 뒤 중심선, 앞뒤 옆선 쪽 몸판의 옆선, 소매밑선과 드롭프드 커프스의 소맷단선에 오버로크 재봉한 시접을 0.5cm 이면 쪽으로 접어 넘기고 스티치한다.

04 앞판과 뒤판의 패널라인, 뒤 중심선을 박는다.

앞 중심쪽
몸판
(이면)

앞 옆선쪽
몸판
(표면)

뒤 중심쪽
몸판
(이면)

뒤 중심선에
재봉

뒤 옆선쪽
몸판
(이면)

앞 중심쪽
몸판
(이면)

앞 옆선쪽
몸판
(표면)

01 앞판의 패널라인을 앞 중심쪽 몸판이 위로 오게 하여 맞춤 표시끼리 맞추어 가면서 박는다.

02 뒤 중심선을 박고, 뒤 패널라인을 뒤 중심쪽 몸판이 위로 오게 하여 맞춤 표시끼리 맞추어 가면서 박는다.

오버로크
재봉

03 앞판과 뒤판의 패널라인 시접을 두 장 함께 각각 오버로크 재봉한다.

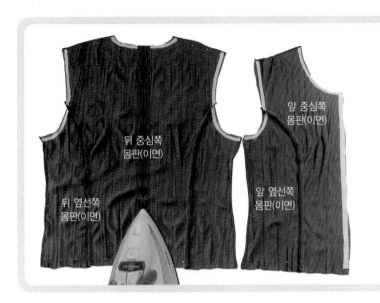

뒤 중심쪽
몸판(이면)

앞 중심쪽
몸판(이면)

뒤 옆선쪽
몸판(이면)

앞 옆선쪽
몸판(이면)

04 뒤 중심선의 시접은 가르고, 앞뒤 패널라인의 시접은 옆선 쪽으로 넘긴다.

05 어깨선을 박는다.

재봉

뒤
(표면)

뒤 안단
(표면)

앞
(이면)

앞 안단
(이면)

01 앞판과 뒤판, 앞 안단과 뒤 안단을 각각 겉끼리 마주
대어 옆 목점, 어깨끝점의 표시끼리 맞춘 다음, 앞판
의 어깨선을 약간 당겨(0.3~0.5cm) 뒤판의 어깨선
길이에 맞추어 박는다.

02 시접을 가른다.

06 앞 몸판에 앞 안단을 연결한다.

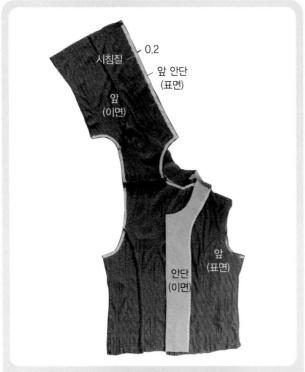

시침질
0.2
앞 안단
(표면)
앞
(이면)
안단
(이면)
앞
(표면)

01 앞판의 표면과 앞 안단을 겉끼리 마주 대어 앞판 쪽을 안단의 완성선에서 0.2cm 안쪽으로 밀어 앞판의 완성선에 시침질한다.

칼라
달림 끝
칼라
달림 끝
재봉
앞
(표면)
앞 안단
(이면)

02 좌우 칼라 달림 끝점에서 밑단선까지 앞 안단의 완성선을 박는다.

앞
(표면)
앞 안단(이면)

03 앞 안단이 위쪽으로 오게 하여 시접을 가른다.

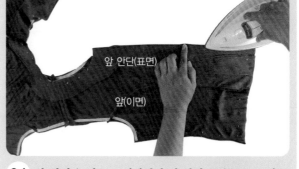

앞 안단(표면)
앞(이면)

04 앞 안단을 겉으로 뒤집어서 앞 안단 쪽을 0.1cm 안쪽으로 밀어 다림질한다.

07 칼라를 만들어 단다.

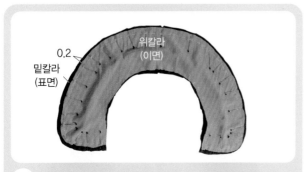

01 위칼라와 밑칼라를 겉끼리 마주 대어 위칼라를 0.2cm 안쪽으로 밀어 핀으로 고정시키고 위칼라의 완성선에 시침질한다.

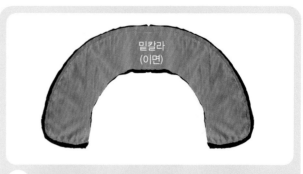

02 밑칼라 쪽이 위쪽으로 보이게 놓고 밑칼라의 완성선을 박는다.

03 시접을 0.5cm로 정리한다.

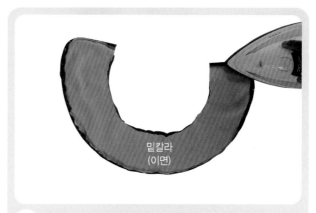

04 밑칼라 쪽이 위로 오게 하여 시접을 가른다.

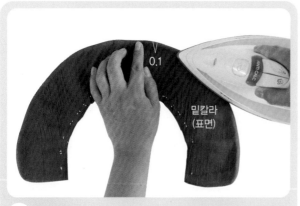

05 겉으로 뒤집어서 밑칼라 쪽을 0.1cm 안쪽으로 밀어 다림질한다.

06 몸판의 표면 위에 밑칼라 쪽을 마주 대어 얹고, 좌우 앞판의 칼라 달림 끝점, 옆 목점, 뒤 목점의 표시끼리 맞추어 핀으로 고정시킨 다음, 촘촘한 시침질로 고정시킨다.

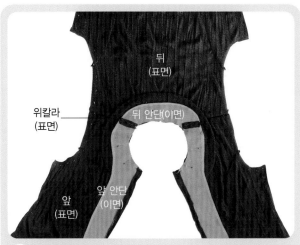

07 앞뒤 안단의 표면을 위칼라 위쪽에 맞추어 얹고 핀으로 고정시킨다.

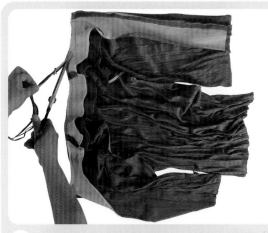

09 시접을 0.5cm로 정리한다.

11 안단의 어깨선을 몸판의 어깨선 시접에 감침질로 고정시킨다.

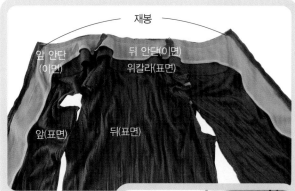

08 왼쪽의 앞단쪽 네크라인 끝점에서 오른쪽의 앞단쪽 네크라인 끝점까지 완성선을 박는다.

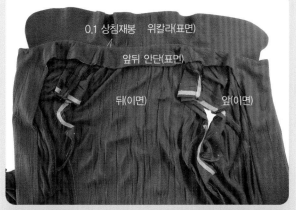

10 시접을 앞뒤 안단 쪽으로 모두 넘기고 0.1cm 안단 쪽에 상침재봉을 한다.

08 옆선을 박는다.

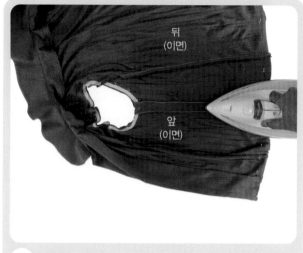

01 앞판과 뒤판을 겉끼리 마주 대어 옆선의 표시끼리 맞추고 완성선을 박는다.

02 시접을 가른다.

09 소매를 만들어 단다.

01 소매산의 완성선에서 0.2cm 시접 쪽에 시침재봉을 한 다음, 그곳에서 다시 0.3cm 시접 쪽으로 나가 다시 한 줄 시침재봉을 한다.

02 소매의 솔기선과 드롭프드 커프스의 솔기선을 겉끼리 마주 대어 핀으로 고정시킨다.

오버로크 재봉

재봉

03 솔기선을 박은 다음, 시접을 두 장 함께 오버로크 재봉한다.

소매(이면)

04 시접을 드롭프드 커프스 쪽으로 내려 다림질한다.

재봉

소매(이면)

05 앞뒤 소매를 겉끼리 마주 대어 소매밑선을 박는다.

오버로크 재봉   오버로크 재봉

07 드롭프드 커프스의 소맷단선과 몸판의 밑단선에 오버로크 재봉을 한다.

주 : 드롭프드 커프스의 소맷단선은 말아박기 하여도 좋다.

06 시접을 가른다.

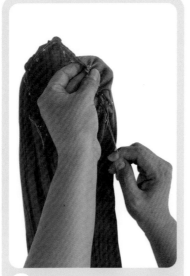

08 드롭프드 커프스의 소맷단선을 완성선에서 이면 쪽으로 접어 넘기고 0.8cm에 스티치한다.

주 : 말아박기 하였을 경우에는 박지 않음.

09 소매산의 시침재봉한 윗실 두 올을 함께 당겨 소매산을 오그린다.

10 몸판과 소매를 겉끼리 마주 대어 소매 이면 쪽에서 소매산점에 핀으로 고정시키고, 좌우 소매맞춤 표시, 겨드랑 밑 표시끼리 맞추어 몸판 쪽에서 핀으로 고정시킨 다음, 그 중간에도 표시끼리 맞추어 핀으로 고정시키고, 완성선에서 0.1cm 시접 쪽에 홈질로 고정시킨다.

11 소매가 위로 오게 하여 완성선을 박는다.

12 시접을 0.8cm로 정리한다.

13 겨드랑 밑쪽에서 바이어스 천의 끝을 1cm 접은 상태로 그 위에 소매를 단 몸판을 얹어 바이어스 천의 단 끝과 진동둘레 시접 끝단을 맞추어 가면서 소매를 박음선에서 0.1cm 시접 쪽을 박은 다음 시작한 곳으로 돌아오면 반대쪽 바이어스 천을 1.5cm 겹쳐 박고 바이어스 천을 잘라낸다.

14 반대쪽 바이어스 천을 진동둘레 시접에 맞추어 접은 다음 다시 소매 쪽으로 접어 소매를 박음선에서 0.1cm 시접 쪽을 박는다.

15 프레스 볼의 곡선에 맞추어 얹고 다리미 끝을 이용하여 몸판 쪽까지 넘어가지 않도록 박음선을 다림질한다.

10 밑단선을 처리한다.

01 앞 안단과 몸판을 겉끼리 마주 대어 밑단선 쪽의 완
성선을 박는다.

02 안단과 몸판의 시접을 앞 안단의 단 끝에서 1.5cm 남
기고 밑단의 완성선에서 1cm 남기고 잘라낸다.

03 앞 안단을 겉으로 뒤집고, 밑단의 완성선에서 접어 올
려 0.5cm에 시침질로 고정시킨다.

04 스티치 폭을 맞추는 용구를 1.8cm 폭으로 맞추어 고
정시키고 겉쪽에서 1.8cm 폭으로 스티치한다. 스티
치를 남기고 싶지 않으면 속감치기로 고정시킨다. 이
때는 커프스의 단도 속감치기로 고정시킨다.

11 단춧구멍을 만들고 단추를 달아 완성한다.

앞 오른쪽
(표면)

앞 왼쪽
(표면)

01 앞 오른쪽에 단춧구멍을 만들고,
앞 왼쪽에 단추를 달아 완성한다.

02 마무리 다림질은 23쪽의 경우와 동일
하다.

03

돌먼 슬리브 · 싱글 커프스 ✽
Y셔츠 칼라 블라우스
Dolman Sleeve · Single Cuffs · Y-Shirt Collar Blouse

○ 실루엣

   돌먼 슬리브를 앞뒤 요크 절개로 한 남성용 Y셔츠와 같은 모양의 블라우스로, 일상복에서 세련된 느낌까지 광범위하게 착용할 수 있는 스타일이다.

○ 소재

   면, 마, 화섬, 얇은 울 등이 적합하며, 색과 무늬는 용도에 맞게 선택한다.

○ 포인트

   Y셔츠 칼라 만드는 법, 앞뒤 요크 소매 다는 법, 앞단 처리법, 뒤 요크 처리법을 배운다.

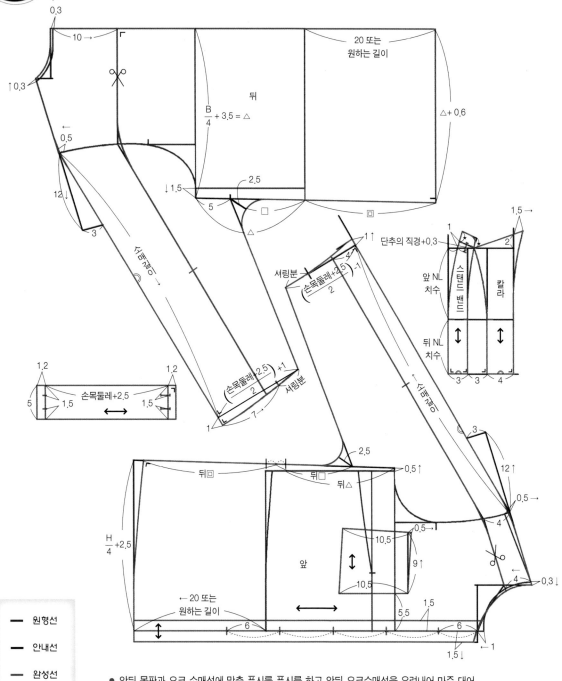

● 앞뒤 몸판과 요크 소매선에 맞춤 표시를 표시를 하고 앞뒤 요크소매선을 오려내어 마주 대어
   맞추는 기호의 선끼리 맞추고 셀로판테이프로 고정시켜 사용한다.

● 재단법 150cm 폭의 경우

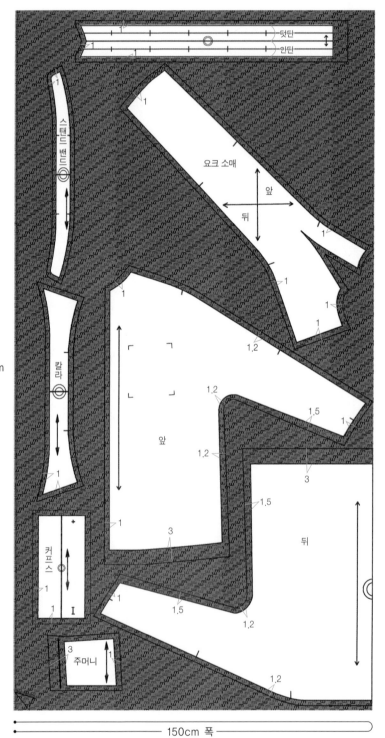

142cm

150cm 폭

● 재단법 100cm 폭의 경우

　뒤 중심선이 골선으로 재단되지 않을 때는 중심선을 통솔로 미리 처리해 둔다.

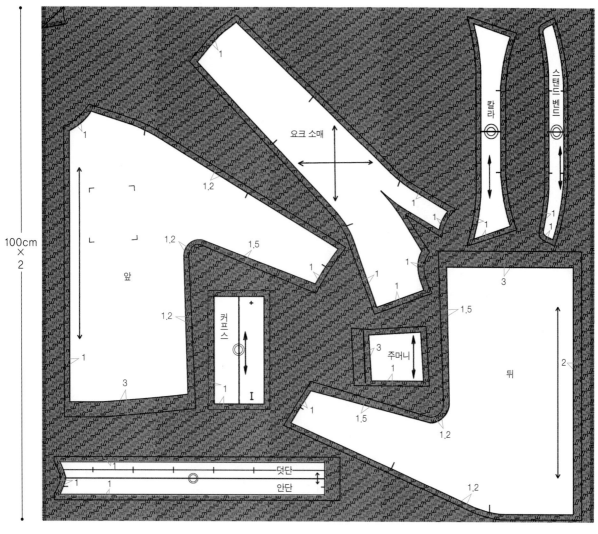

01　접착심지를 붙이고 표시를 한다.

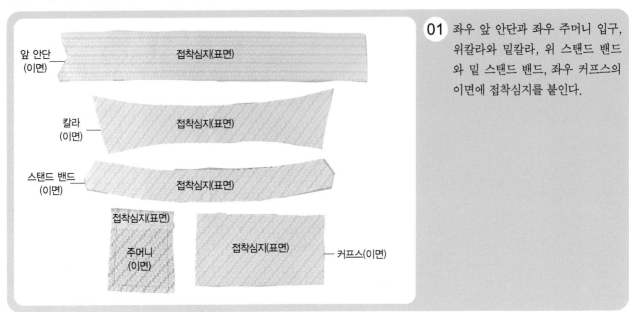

01 좌우 앞 안단과 좌우 주머니 입구, 위칼라와 밑칼라, 위 스탠드 밴드와 밑 스탠드 밴드, 좌우 커프스의 이면에 접착심지를 붙인다.

앞 안단
(이면)

접착심지(표면)

칼라
(이면)

접착심지(표면)

스탠드 밴드
(이면)

접착심지(표면)

접착심지(표면)

주머니
(이면)

접착심지(표면)

커프스(이면)

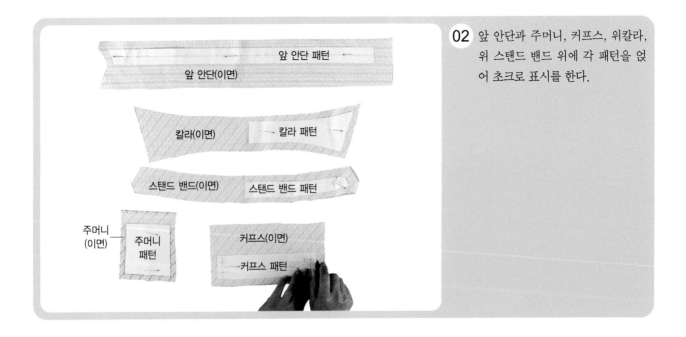

02 앞 안단과 주머니, 커프스, 위칼라, 위 스탠드 밴드 위에 각 패턴을 얹어 초크로 표시를 한다.

앞 안단 패턴

앞 안단(이면)

칼라(이면)

칼라 패턴

스탠드 밴드(이면)

스탠드 밴드 패턴

주머니
(이면)

주머니
패턴

커프스(이면)

커프스 패턴

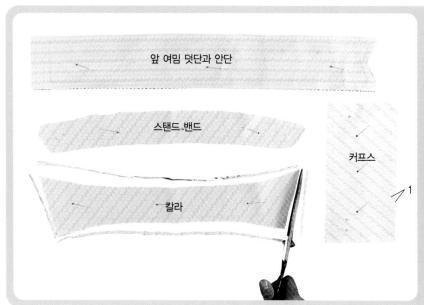

03 좌우 앞 안단과 좌우 커프스, 위 스탠드 밴드와 밑 스탠드 밴드, 위칼라와 밑칼라를 각각 겉끼리 마주 대어 맞추고 핀으로 고정시킨 다음, 시접을 모두 1cm로 두 장 함께 정리한다.

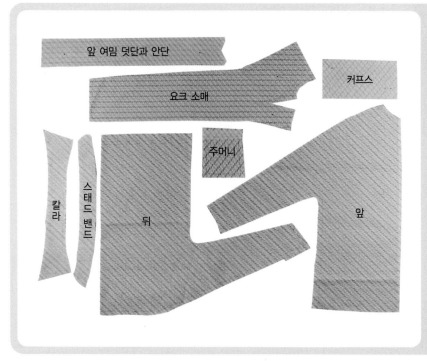

04 좌우 앞 안단과, 좌우 요크 소매, 좌우 커프스, 좌우 주머니, 위칼라와 밑칼라, 위 스탠드 밴드와 밑 스탠드 밴드, 앞뒤 몸판을 겉끼리 마주 대어 겹친 상태로 완성선에 실표뜨기로 표시를 한다.

02 주머니를 만들어 단다.

완성선

0.5
상침
재봉

주머니
(이면)

01 주머니 입구의 완성선에서 0.5cm 주머니 입구의 안단 쪽에 상침재봉을 한다.

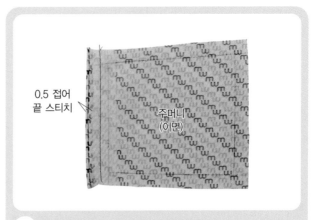

0.5 접어
끝 스티치

주머니
(이면)

02 주머니 입구의 안단 쪽 시접을 0.5cm 접어 끝 스티치한다.

주머니
(표면)

오버로크
재봉

03 주머니의 양 옆선과 밑단선에 오버로크 재봉을 한다.

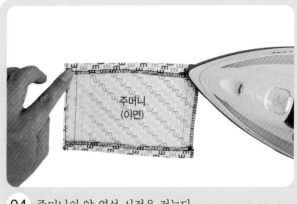

주머니
(이면)

04 주머니의 양 옆선 시접을 접는다.

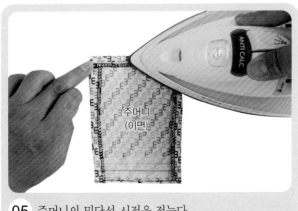

주머니
(이면)

05 주머니의 밑단선 시접을 접는다.

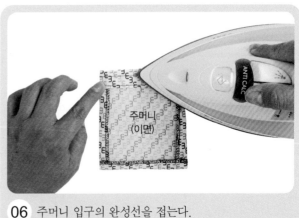

주머니
(이면)

06 주머니 입구의 완성선을 접는다.

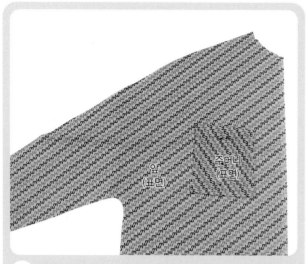

07 좌우 주머니의 이면을 좌우 앞판의 표면 쪽 주머니 다는 위치에 맞추어 얹고 핀으로 고정시킨 다음, 주머니 주위를 시침질로 고정시킨다.

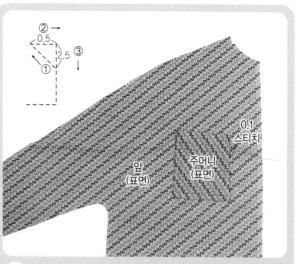

08 주머니 입구 쪽에서 되박음질을 하지 않고 스티치 치는 순서대로 삼각으로 스티치한 다음, 주머니 주위를 0.1cm에 스티치한다.

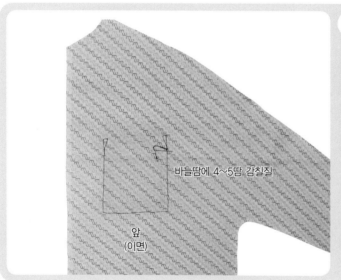

09 이면 쪽에서 밑실을 당겨 윗실을 빼낸 다음 매듭을 짓고 바늘땀에 4~5땀 정도 감침질하고 실을 잘라 낸다.

03 좌우 앞 여밈 덧단과 안단을 처리한다.

앞 여밈 덧단
과 안단
(이면)

앞
(이면)

01 좌우 앞판의 이면 위에 좌우 앞 여밈 덧단 쪽의 표면을
마주 대어 표시끼리 맞추어 핀으로 고정시킨다.

— 재봉

02 완성선을 박는다.

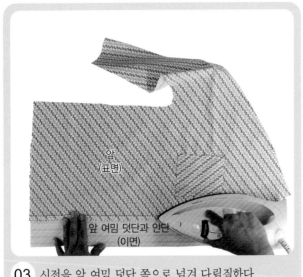

앞
(표면)

앞 여밈 덧단과 안단
(이면)

03 시접을 앞 여밈 덧단 쪽으로 넘겨 다림질한다.

앞 여밈 덧단과 안단
(이면)

앞
(표면)

04 앞 안단의 시접을 접는다.

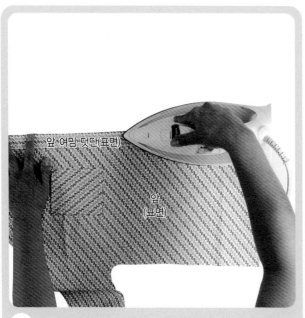

05 앞 여밈 덧단 쪽의 앞단선에서 접는다.

06 앞 여밈 덧단과 안단을 시침질로 고정시킨다.

07 겉쪽에서 0.1cm에 스티치한다.

04 요크 소매의 어깨선을 박는다.

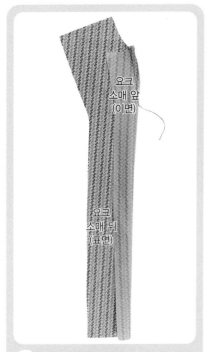

요크
소매 앞
(이면)

요크
소매 뒤
(표면)

01 좌우 요크 소매의 어깨선을 박고 어깨선 끝점에서 되박음질을 하지 않고 실을 약간 길게 남겨두고 자른다.

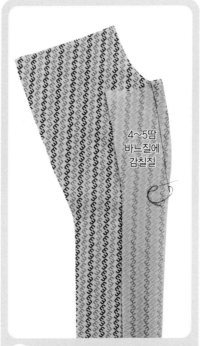

4~5땀
바느질에
감칠질

02 매듭을 짓고 바늘땀에 4~5땀 감칠질하고 실을 잘라낸다.

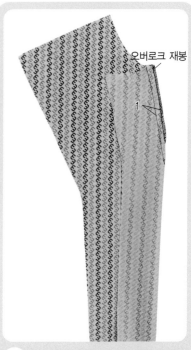

오버로크 재봉

1

03 어깨선의 시접을 1cm 남기면서 오버로크 재봉을 한다.

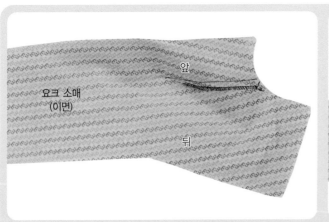

요크 소매
(이면)

앞

뒤

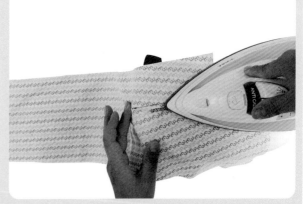

04 어깨선 시접을 뒤판 쪽으로 넘겨 다림질한다.

05 요크 소매의 뒤 중심선을 박는다.

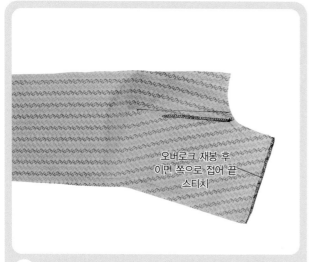

01 좌우 요크 소매의 뒤 중심선에 오버로크 재봉을 하고 오버로크 재봉된 분량을 이면 쪽으로 접어 끝 스티치한다.

오버로크 재봉 후
이면 쪽으로 접어 끝
스티치

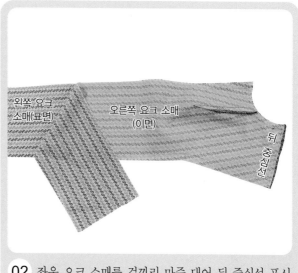

왼쪽 요크
소매(표면)

오른쪽 요크 소매
(이면)

뒤
중심선

02 좌우 요크 소매를 겉끼리 마주 대어 뒤 중심선 표시끼리 맞추어 핀으로 고정시킨다.

뒤
중심선
재봉

03 요크 소매의 뒤 중심선을 박는다.

요크 소매

왼쪽(이면)

오른쪽(이면)

04 뒤 중심선 시접을 가른다.

06 앞판과 뒤판에 요크 소매를 연결한다.

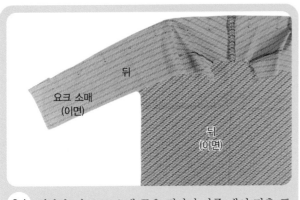

01 뒤판과 뒤 요크 소매 쪽을 겉끼리 마주 대어 맞춤 표시끼리 맞추고 핀으로 고정시킨다.

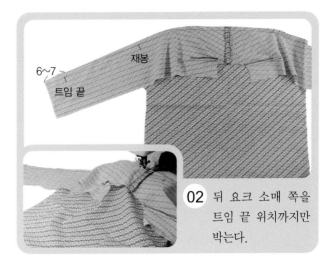

02 뒤 요크 소매 쪽을 트임 끝 위치까지만 박는다.

03 앞 요크 소매 쪽과 앞판을 겉끼리 마주 대어 맞춤 표시끼리 맞추고 핀으로 고정시킨다.

04 앞 요크 소매 쪽을 박는다.

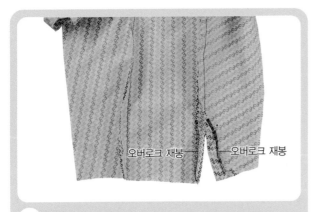

05 뒤 요크 소매 쪽의 트임 끝 위치까지 소매와 몸판의 시접에 각각 오버로크 재봉을 한다.

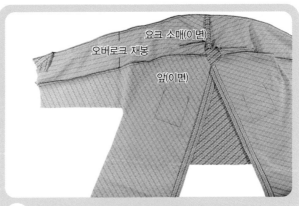

06 앞뒤 요크 솔기선의 시접을 각각 두 장 함께 오버로크 재봉을 한다.

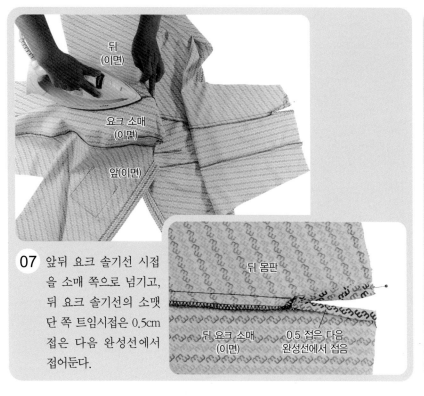

07 앞뒤 요크 솔기선 시접을 소매 쪽으로 넘기고, 뒤 요크 솔기선의 소맷단 쪽 트임시접은 0.5cm 접은 다음 완성선에서 접어둔다.

뒤 몸판

뒤 요크 소매
(이면)

0.5 접은 다음
완성선에서 접음

08 7번에서 접은 완성선을 다시 펴고, 0.5cm 접은 곳에서 끝 스티치 한다.

끝 스티치

07 칼라를 만들어 스탠드 밴드와 연결한다.

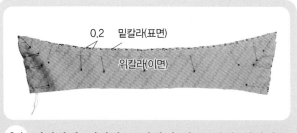

0.2   밑칼라(표면)

위칼라(이면)

01 위칼라와 밑칼라를 겉끼리 마주 대어 위칼라를 0.2cm 안쪽으로 밀어 핀으로 고정시키고, 위칼라의 완성선을 따라 촘촘한 시침질로 고정시킨다.

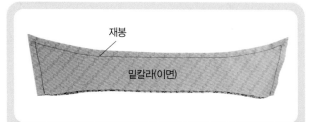

재봉

밑칼라(이면)

02 밑칼라의 완성선을 박는다.

0.3

03 칼라의 모서리 시접을 0.3cm 남기고 삼각으로 잘라 낸다.

04 칼라의 곡선 부분 시접에 가윗밥을 넣는다.

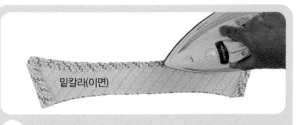

05 밑칼라 쪽이 위로 오게 하여 시접을 가른다.

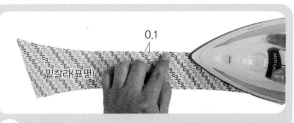

06 겉으로 뒤집어서 밑칼라 쪽을 0.1cm 안쪽으로 밀어 다림질한다.

07 위칼라 쪽이 위로 오게 하여 칼라 주위를 0.1cm 폭으로 스티치한다.

08 위칼라에 여유분이 들어가도록 밑칼라 쪽을 위로 오게 놓고 위칼라와 함께 접어 핀으로 고정시킨다.

09 여유분이 틀어지지 않도록 시침질로 고정시킨다.

10 밑 스탠드 밴드와 위 스탠드 밴드를 겉끼리 마주 대어 위 스탠드 밴드가 위쪽으로 오도록 놓고, 몸판과 연결되는 솔기선 쪽 시접을 접는다.

11 밑 스탠드 밴드의 표면 위에 1번부터 9번에서 만들어 놓은 칼라의 위칼라 쪽이 위로 오게 얹고, 그 위에 위 스탠드 밴드의 표면이 마주닿게 얹어 표시끼리 맞추어 핀으로 고정시키고, 완성선에서 0.1cm 시접 쪽에 시침질로 고정시킨다.

12 스탠드 밴드와 칼라가 연결되는 완성선을 박는다(이때 스탠드 밴드의 곡선 모양대로 자른 샌드페이퍼를 대고 완성선을 박으면 좌우 스탠드 밴드의 곡선을 차이 나지 않고 정확히 박을 수 있다).

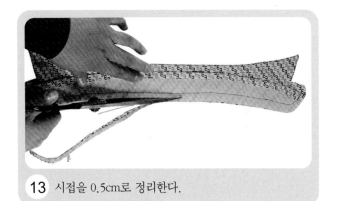

13 시접을 0.5cm로 정리한다.

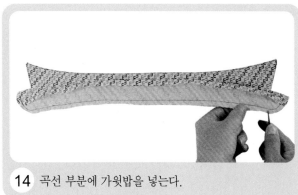

14 곡선 부분에 가윗밥을 넣는다.

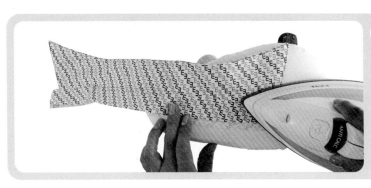

15 겉으로 뒤집어서 다림질한다.

08 몸판에 칼라가 달린 스탠드 밴드를 단다.

시침질

밑 스탠드 밴드(이면)
위 스탠드 밴드(이면)

앞(표면)   뒤(표면)

01 위 스탠드 밴드를 젖히고 몸판의 표면과 밑 스탠드 밴드의 표면을 마주 대어 옆 목점, 뒤 목점, 앞 목점의 표시끼리 맞추어 핀으로 고정시키고, 완성선에서 0.1cm 시접 쪽에 시침질로 고정시킨다.

완성선에 재봉

위 스탠드 밴드
(이면)
밑 스탠드 밴드
(이면)
앞(표면)
뒤(표면)

02 위 스탠드 밴드를 젖히고 밑 스탠드 밴드 쪽의 완성선을 박는다.

03 시접을 0.5cm로 정리한다.

04 곡선 부분에 가윗밥을 넣는다.

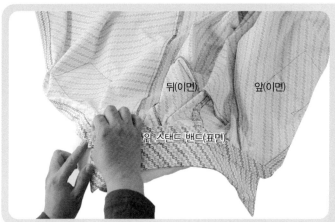

뒤(이면)　　앞(이면)

위 스탠드 밴드(표면)

05 시접을 모두 스탠드 밴드 쪽으로 넘기고, 위 스탠드
밴드의 시접을 완성선에서 접어 넣어 시침질로 고
정시킨다.

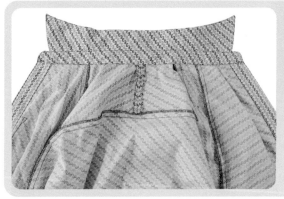

0.1 스티치

위 스탠드
밴드(표면)

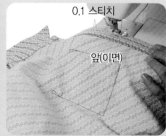

0.1 스티치

앞(이면)

06 위 스탠드 밴드 주위를 0.1~0.2cm 폭으로 스티치하고, 앞단
쪽까지 이어서 0.1~0.2cm에 스티치하여 내려온다.

09 옆선을 박는다.

01 앞판과 뒤판을 이면끼리 마주 대어 옆선과 소매밑선의 표시끼리 맞추고 핀으로 고정시킨다.

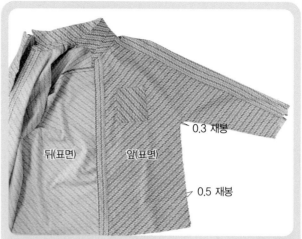

뒤(표면)   앞(표면)
0.3 재봉
0.5 재봉

02 소맷단 쪽에서 밑단선 쪽까지 한 번에 이어서 0.5cm 폭으로 박는다. 이때 겨드랑 밑쪽은 0.3cm 폭으로 박는다.

앞(표면)
뒤(표면)

03 시접을 가른다.

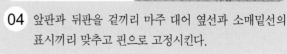

앞(이면)

04 앞판과 뒤판을 겉끼리 마주 대어 옆선과 소매밑선의 표시끼리 맞추고 핀으로 고정시킨다.

05 소맷단 쪽에서 밑
단선 쪽까지 한
번에 이어서 완성
선을 박는다.

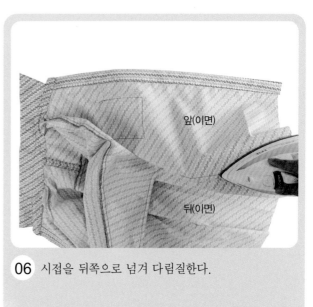

앞(이면)

뒤(이면)

06 시접을 뒤쪽으로 넘겨 다림질한다.

10 커프스를 만들어 단다.

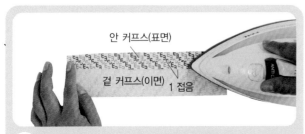

안 커프스(표면)

겉 커프스(이면)

1 접음

01 겉 커프스와 안 커프스를 겉끼리 마주 대어 반으로
접은 다음, 겉 커프스 쪽의 솔기선 시접을 완성선에
서 접는다.

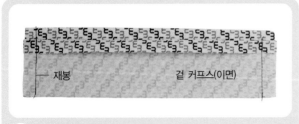

재봉

겉 커프스(이면)

02 커프스의 양 옆선을 박는다.

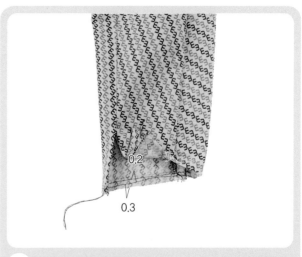

0.2

0.3

03 뒤 요크 소매 쪽에만 커프스와의 솔기선 시접에 두
줄 시침재봉을 한다.

04 소매와 안 커프스를 겉끼리 마주 대어 트임 끝끼리 맞추어 핀으로 고정시킨 다음, 시침재봉한 윗실 두 올을 함께 커프스의 치수에 맞게 오그려 맞추고 완성선에서 0.1cm 시접 쪽에 시침질로 고정시킨다.

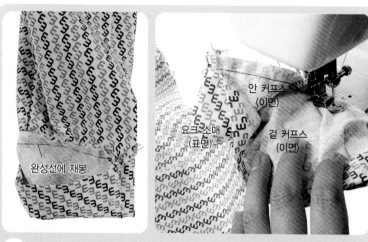

05 겉 커프스를 젖히고 안 커프스의 완성선을 박는다.

06 시접을 모두 커프스 쪽으로 넘긴 다음, 겉 커프스의 시접을 완성선에서 접어 넣고 핀으로 고정시킨다.

07 커프스 주위를 0.1cm 폭으로 스티치한다.

11 밑단선을 처리한다.

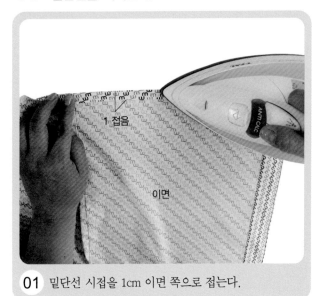

01 밑단선 시접을 1cm 이면 쪽으로 접는다.

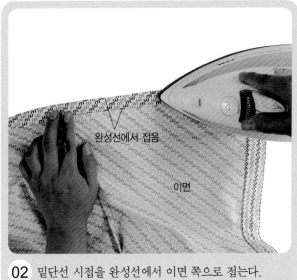

02 밑단선 시접을 완성선에서 이면 쪽으로 접는다.

03 시접을 시침질로 고정시킨다.

04 겉쪽에서 1.8cm 폭으로 스티치 한다.

12 단춧구멍을 만들고 단추를 달아 완성한다.

01 앞 오른쪽에 앞 패턴을 대고 단춧구멍 위치를 표시한 다음 단춧구멍을 만들고, 앞 왼쪽에 단추를 달아 완성한다.

02 마무리 다림질은 23쪽의 경우와 동일하다.

타이 칼라 ✽ 퍼프 슬리브 블라우스

Tie Collar · Puff Sleeve Blouse

○ 실루엣

소매산에 턱을 넣고 소매 입구에 개더를 넣어 부풀린 소매는 젊게 보이기도 하고 귀여워 보이기도 한다. 우아함을 표현할 수 있는 소매와 넥타이를 묶은 것처럼 보이는 타이 칼라는 리본 모양으로 묶기도 하고, 넥타이처럼 내려뜨리기도 하는 등 묶는 방법에 따라 여러 가지 앞 목둘레 쪽 연출이 가능하다. 또한 연령에 상관없이 착용할 수 있는 스타일의 블라우스이다.

○ 소재

실크나 화섬 등의 부드러운 소재가 적합하다. 실물천을 리본으로 묶어 보면 그 느낌을 쉽게 확인할 수 있다.

○ 포인트

타이 칼라 만드는 법, 퍼프 슬리브 만드는 법, 앞단 처리법, 뒤 중심선의 턱선 처리법, 요크 연결하는 방법을 배운다.

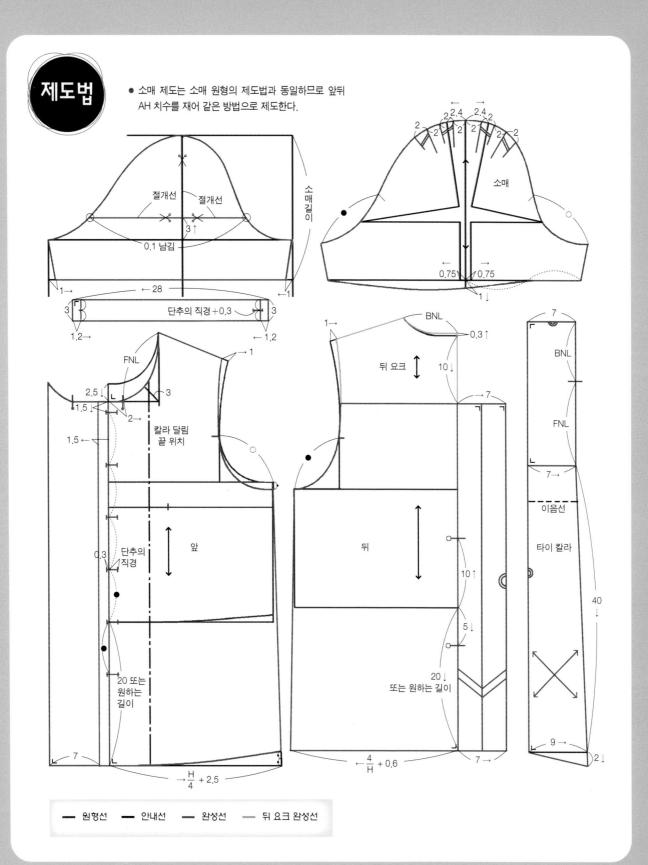

제도법

● 소매 제도는 소매 원형의 제도법과 동일하므로 앞뒤
AH 치수를 재어 같은 방법으로 제도한다.

절개선　절개선

소매길이

3↑
0.1 남김

1→　← 28　←1

3　단추의 직경+0.3　3
1.2→　←1.2

2　2.2 2.4　2.4 2.2　2
2　2.2　2　2　2.2　2

소매

●　○

0.75　0.75
1↓

FNL

2.5↓　3
1.5→　2
1.5←

칼라 달림
끝 위치

0.3
단추의
직경

앞

7
→ H/4 + 2.5

1→　←1

BNL
0.3↑

뒤 요크　10↓

→7

●　○

뒤

10↑

5↓

20↓
또는 원하는 길이

4/H + 0.6　7→

7

BNL

FNL

7→

이음선

타이 칼라

40↓

9→　2↓

― 원형선　― 안내선　― 완성선　― 뒤 요크 완성선

재단법

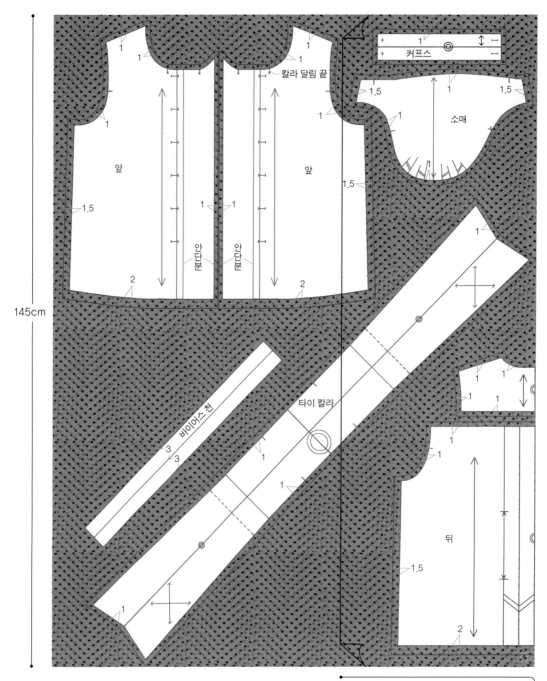

커프스

칼라 달림 끝

소매

앞

앞

안단분

안단분

145cm

바이어스 천

타이 칼라

뒤

150cm 폭

봉제법

How to make

01 표시를 한다.

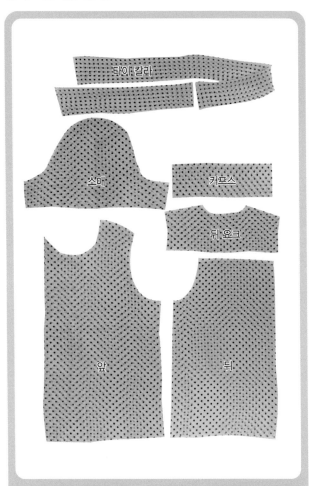

타이 칼라

소매

커프스

뒤 요크

앞

뒤

01 재단시 표시된 앞뒤 몸판과 뒤 요크, 소매와 커프스, 칼라의 완성선에 초크로 표시된 완성선을 따라 실표 뜨기로 표시를 한다.

02 접착심지를 붙인다.

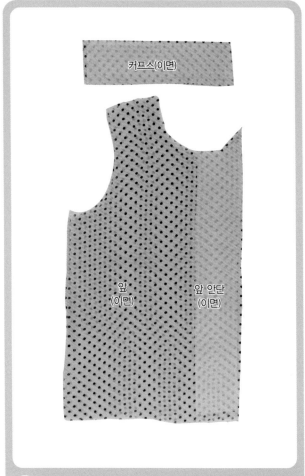

커프스(이면)

앞
(이면)

앞 안단
(이면)

01 좌우 앞 안단과 좌우 커프스의 이면에 접착심지를 붙인다.

03 앞 안단 시접을 처리해둔다.

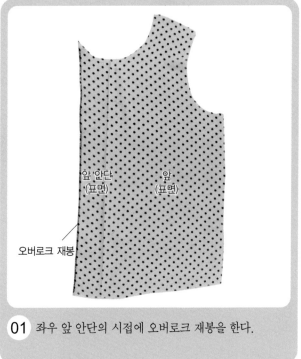

앞 안단
(표면)

앞
(표면)

오버로크 재봉

01 좌우 앞 안단의 시접에 오버로크 재봉을 한다.

접어 스티치   앞 안단
(이면)

02 오버로크 재봉한 분량을 이면 쪽으로 접어 넘기고 스티치한다.

04 뒤판의 턱을 잡고 뒤 요크와 연결한다.

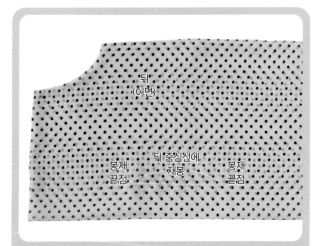

뒤
(이면)

봉재
끝점

뒤 중심선에
재봉

봉재
끝점

01 뒤 몸판을 겉끼리 마주 대어 틀어지지 않도록 뒤 중심 쪽에 시침질로 고정시킨 다음 뒤 중심선의 위쪽 봉제트임 끝 위치에서 아래 쪽 봉제트임 끝 위치까지 완성선을 박는다(이때 시작과 끝 위치에서 1cm의 되박음질을 한다).

뒤
(표면)

02 겉쪽에서 턱을 잡아 다림질한다.

03 안 요크의 이면 위에 뒤 몸판의 이면을 마주 대어 얹
고, 그 위에 겉 요크의 표면을 마주 대어 얹은 다음,
표시끼리 맞추어 핀으로 고정시킨다.

04 솔기선을 박아 고정시킨다.

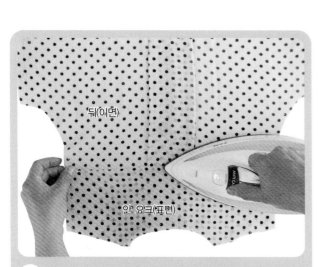

05 겉 요크와 안 요크를 내려 다림질한다.

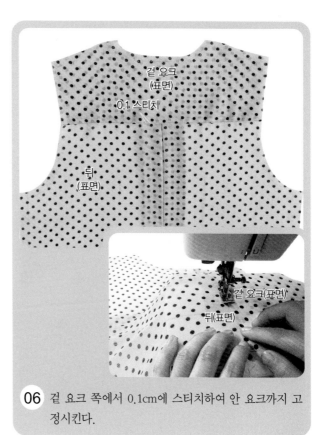

06 겉 요크 쪽에서 0.1cm에 스티치하여 안 요크까지 고
정시킨다.

05 어깨선을 박는다.

01 겉 요크의 표면과 앞판을 겉끼리 마주 대어 어깨선의 표시끼리 맞추어 핀으로 고정시킨다.

주 : 안 요크를 함께 고정시키지 않도록 주의한다.

02 어깨선을 박는다.

03 시접을 뒤 겉 요크 쪽으로 넘겨 다림질한다.

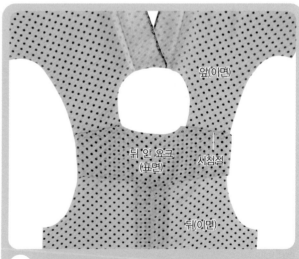

04 뒤 안 요크의 어깨선 시접을 완성선에서 이면 쪽으로 접어 넣고 시침질로 고정시킨다.

05 겉 요크 쪽에서 0.1cm에 스티치하여 안 요크와 고정시킨다.

06 타이 칼라를 만들어 단다.

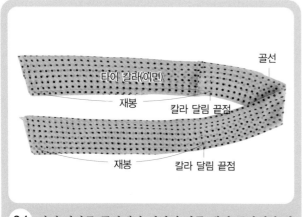

01 타이 칼라를 골선에서 겉끼리 마주 대어 골선에서 접은 다음, 목둘레선은 남겨두고 좌우 칼라 달림 끝점 위치까지만 박는다.

주 : 천의 폭이 좁아 한 장으로 재단되지 않고 이어야 할 경우, 이음선을 박고 시접을 갈라둔 다음 시작한다.

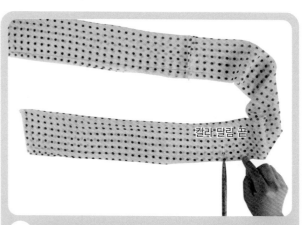

02 칼라 달림 끝점 위치에서 시접에 가윗밥을 넣는다.

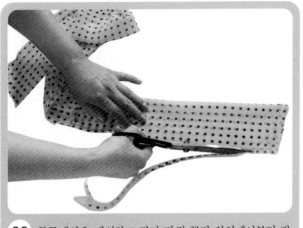

03 목둘레선을 제외하고 칼라 달림 끝점 위치에서부터 칼라 끝쪽 시접을 박음선에서 0.6cm 폭으로 정리한다.

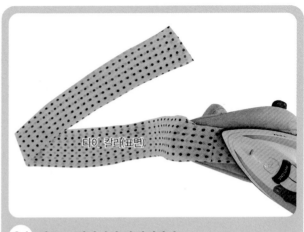

타이 칼라(표면)

04 겉으로 뒤집어서 다림질한다.

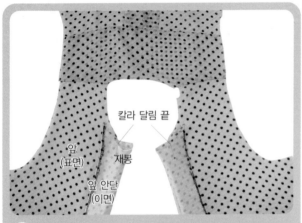

앞
(표면)

칼라 달림 끝
재봉
앞 안단
(이면)

05 앞 몸판의 안단분을 앞단의 완성선에서 겉끼리 마주 대어 접고, 칼라 달림 끝점 위치까지 박는다.

주 : 칼라 달림 끝점 위치에서 넘어가지 않도록 주의한다.

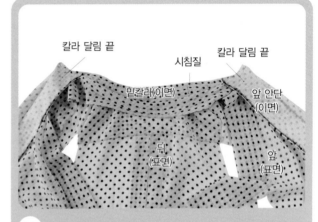

칼라 달림 끝
시침질
칼라 달림 끝
밑칼라(이면)
앞 안단
(이면)
뒤
(표면)
앞
(표면)

06 좌우 몸판의 칼라 달림 끝점과 좌우 타이 칼라의 칼라 달림 끝점을 겉끼리 마주 대어 맞추고, 좌우 옆목점, 뒤 목점의 위쪽 면의 칼라를 젖히고 표시끼리 맞추어 핀으로 고정시킨 다음, 완성선에서 0.1cm 시접 쪽에 시침질로 고정시킨다.

주: 타이 칼라에 이음선이 있는 경우에는 이음선이 왼쪽에 오도록 맞춘다.

완성선에 재봉

07 위쪽의 칼라를 젖혀 핀으로 고정시키고 밑쪽의 칼라 완성선을 박는다.

08 시접을 0.6cm로 정리한다.

앞 안단
(이면)

칼라 달림 끝

위 타이 칼라
(표면)

밑 타이 칼라
(이면)

09 칼라 달림 끝점 위치에 가윗밥을 넣는다.

시접 모두
칼라 쪽으로 넘김

타이 칼라(표면)

시접.몸판. 쪽으로
넘김

앞
(이면)

시침질

뒤
(이면)

10 겉으로 뒤집어서 좌우 칼라 달림 끝점까지의 몸판 쪽 시접은 몸판 쪽으로 내리고, 좌우 칼라 달림 끝점까지의 시접은 칼라 쪽으로 넘긴 다음, 박지 않고 남겨 둔 한쪽 면의 타이 칼라 시접을 완성선에서 접어 넣고 표시끼리 맞추어 핀으로 고정시킨 다음, 완성선에서 0.2cm 칼라 쪽에 시침질로 고정시킨다.

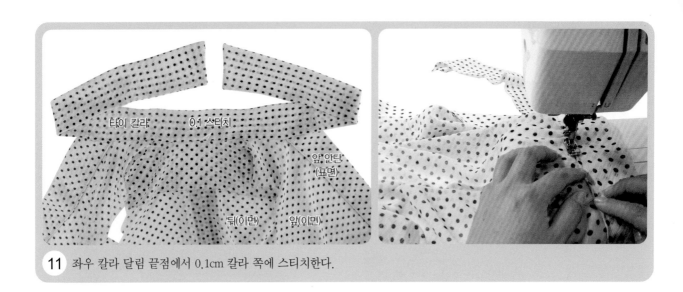

11 좌우 칼라 달림 끝점에서 0.1cm 칼라 쪽에 스티치한다.

07 옆선을 박는다.

01 앞판과 뒤판을 이면끼리 마주 대어 옆선의 표시끼리 맞춘 다음, 시접 끝에서 0.5cm 들어와 박는다.

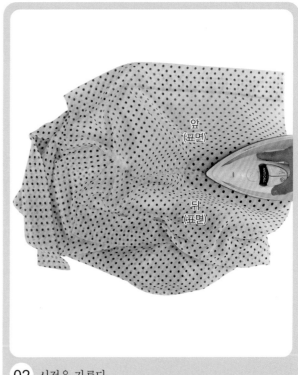

02 시접을 가른다.

03 앞판과 뒤판을 겉끼리 마주 대어 옆선의 표시끼리 맞춘 다음, 옆선의 완성선을 박는다.

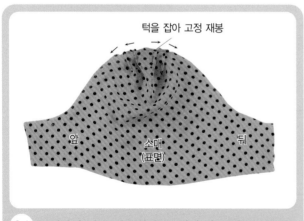

04 통솔시접을 뒤판 쪽으로 넘겨 다림질한다.

08 턱 소매를 만들어 단다.

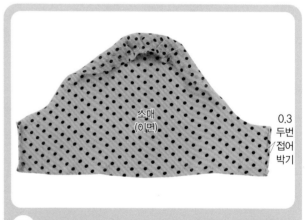

01 소매산의 턱을 겉쪽에서 두 개의 턱은 앞쪽으로, 두 개의 턱은 뒤쪽으로 향하도록 잡아 핀으로 고정시키고 시접 쪽에 고정 재봉을 하여 턱을 고정시킨다.

02 앞뒤 소매밑선의 시접을 각각 0.3cm 폭으로 두 번 접어박기한다.

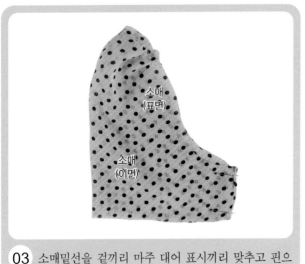

소매
(표면)

소매
(이면)

03 소매밑선을 겉끼리 마주 대어 표시끼리 맞추고 핀으
로 고정시킨다.

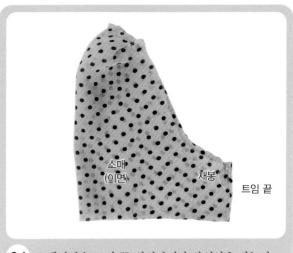

소매
(이면)

채봉

트임 끝

04 소매밑선을 트임 끝 위치까지만 완성선을 박는다.

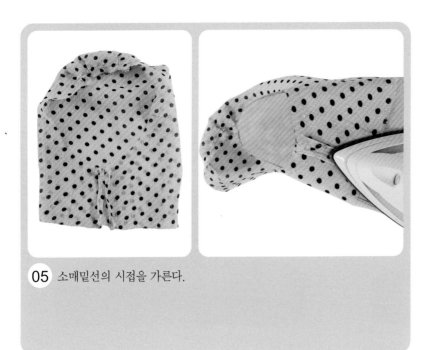

05 소매밑선의 시접을 가른다.

0.2 개더 끝

개더 끝

0.5

06 소맷단 쪽의 커프스와의 솔기선
시접에 좌우 개더 끝 위치까지만
완성선에서 0.2cm와 0.5cm에 두
줄 시침재봉을 한다.

07 시침재봉한 윗실 두 올을 함께 당겨 개더를 잡는다.

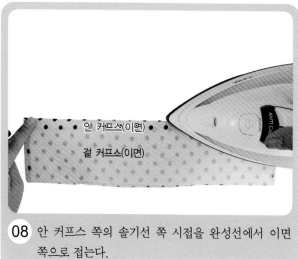

안 커프스(이면)

겉 커프스(이면)

08 안 커프스 쪽의 솔기선 쪽 시접을 완성선에서 이면 쪽으로 접는다.

겉 커프스(표면)

안 커프스(이면)

재봉

09 안 커프스와 겉 커프스를 겉끼리 마주 대어 양 옆선을 박는다.

겉 커프스(이면)

안 커프스(표면)

10 겉으로 뒤집어 다림질한다.

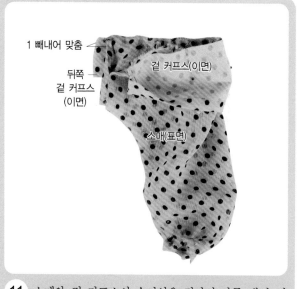

1 빼내어 맞춤

뒤쪽 겉 커프스 (이면)

겉 커프스(이면)

소매(표면)

11 소매와 겉 커프스의 솔기선을 겉끼리 마주 대어 뒤 소매 쪽의 커프스를 1cm 빼낸 상태로 맞추어 핀으로 고정시킨다.

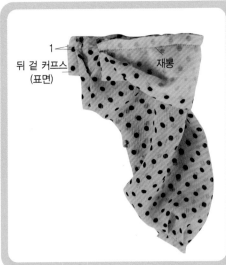

뒤 겉 커프스
(표면)

1

재봉

12 안 커프스를 젖힌 상태로 완성선을 박는다.

소매
(이면)

안 커프스(표면)

13 시접을 커프스 쪽으로 넘기고 안 커프스를 맞추어 핀으로 고정시킨 다음, 겉 커프스를 박은 바늘땀에 공그르기로 고정시킨다.

소매
(이면)

0.1 시접 쪽에
시침질

앞
(이면)

뒤
(이면)

14 몸판의 어깨끝점과 소매산점을 겉끼리 마주 대어 핀으로 고정시킨 다음, 앞뒤 소매맞춤 표시, 겨드랑 밑점의 표시끼리 맞추어 핀으로 고정시키고 완성선에서 0.1cm 시접 쪽에 시침질로 고정시킨다.

15 소매 쪽이 위로 오게 하여 완성선을 박은 다음, 시침질한 실을 빼낸다.

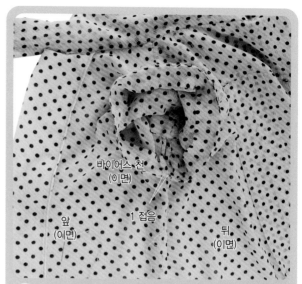

바이어스 천
(이면)

앞
(이면)

1 접음

뒤
(이면)

16 3cm 폭으로 자른 바이어스 천의 끝을 1cm 접은 상태로 겨드랑 밑쪽에서부터 소매를 단 진동둘레선의 시접에 맞추어 완성선에서 0.5cm 시접 쪽에 시침질로 고정시킨다.

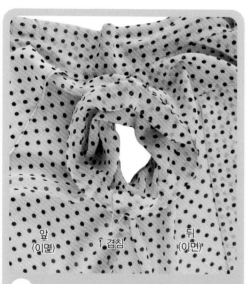

앞
(이면)

1 겹침

뒤
(이면)

17 시작한 곳으로 돌아오면 바이어스 천 끝을 1cm 겹쳐 얹고 시침질한다.

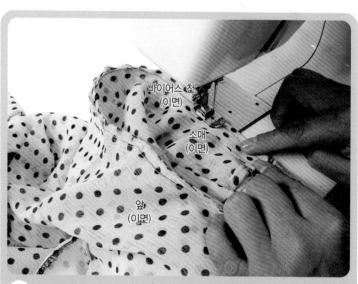

바이어스 천
(이면)

소매
(이면)

앞
(이면)

18 완성선에서 0.1cm 시접 쪽을 박아 고정시킨다.

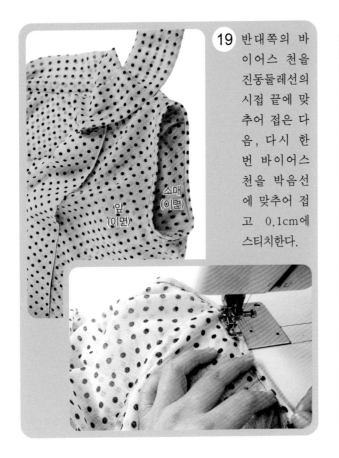

19 반대쪽의 바이어스 천을 진동둘레선의 시접 끝에 맞추어 접은 다음, 다시 한 번 바이어스 천을 박음선에 맞추어 접고 0.1cm에 스티치한다.

앞 (이면)

소매 (이면)

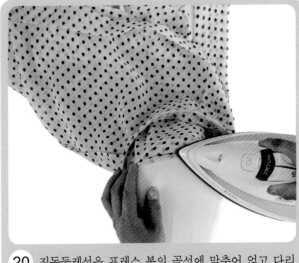

20 진동둘레선을 프레스 볼의 곡선에 맞추어 얹고 다리미 끝으로 박음선을 다림질한다.

09 밑단선을 처리한다.

시접 1/2 접음

뒤 (이면)

앞 (이면)

01 비치는 천의 경우는 밑단선 시접의 1/2 분량만큼 이면 쪽으로 접는다. 비치지 않는 천의 경우에는 밑단선 시접을 1cm 접는다.

완성선에서 접음

02 완성선에서 이면 쪽으로 접는다.

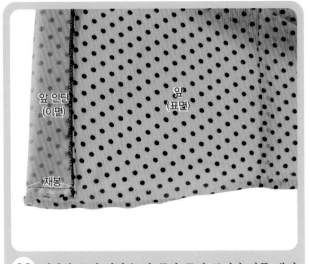

앞 안단
(이면)

앞
(표면)

재봉

03 밑단선 쪽의 안단을 앞 몸판 쪽의 표면과 마주 대어
표시끼리 맞추어 완성선을 박는다.

앞
(이면)

앞 안단
(표면)

시침질

04 겉으로 뒤집어서 밑단선 시접을 시침질로 고정시킨다.

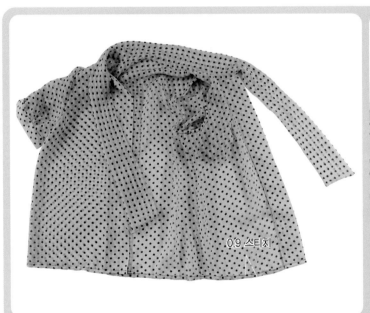

0.9 스티치

05 0.9cm 폭으로 스티치한다.

10 단춧구멍을 만들고 단추를 달아 완성한다.

앞 왼쪽
(표면)

앞 오른쪽
(표면)

01 앞 오른쪽 몸판과 앞 소매 커프스에 단춧구멍을 만들고, 앞 왼쪽 몸판과 뒤 소매 커프스에 단추를 달아 완성한다.

02 마무리 다림질은 23쪽의 경우와 동일하다.

05

세일러 칼라 ✽
셋인 밴드 커프스 슬리브 블라우스

Sailor Collar · Set-in Band Cuffs Sleeve Blouse

○ 실루엣

　해병복에서 볼 수 있는 앞은 V 네크라인이면서 뒤는 사각형으로, 처져 있는 커다란 플랫 칼라와 가슴다트만 넣고 허리를 피트시키지 않은 넉넉한 스타일의 소녀복 같은 느낌의 블라우스이다. 앞 네크라인 쪽의 바대는 탈부착이 가능하다.

○ 소재

　면 브로드, 피케, 데님 등의 직물이나 촘촘하게 짜여진 화섬류가 적합하며, 소녀복이라면 활동성이 많으므로 스판 소재를 사용하는 것이 좋다.

○ 포인트

　세일러 칼라 만들어 다는 법, 소맷단 쪽의 슬래시와 턱 잡는 법, 앞 바대 만드는 법, 시접을 모두 통솔로 처리하는 법을 배운다.

바대가 없는 상태

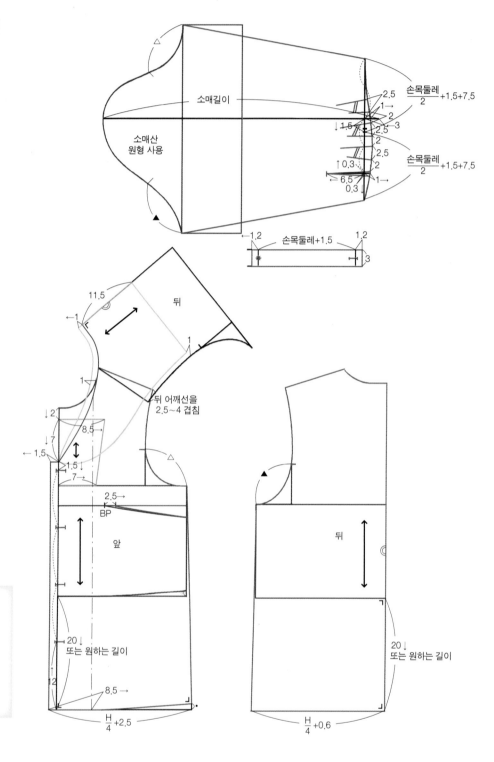

소매길이

소매산
원형 사용

2.5
1→
2
3
↓1.5
2.5
2.5
2
2.5
↑0.3
2
6.5
0.3
1→

$\dfrac{손목둘레}{2}$+1.5+7.5

$\dfrac{손목둘레}{2}$+1.5+7.5

1.2
손목둘레+1.5
1.2
3

11.5
←1
뒤
1

뒤 어깨선을
2.5~4 겹침

↓2
↓7
←1.5
1.5
7
8.5

2.5→
BP
앞

뒤

20↓
또는 원하는 길이

20↓
또는 원하는 길이

↑2
8.5→

$\dfrac{H}{4}$+2.5

$\dfrac{H}{4}$+0.6

원형선
안내선
완성선
바대선
칼라선

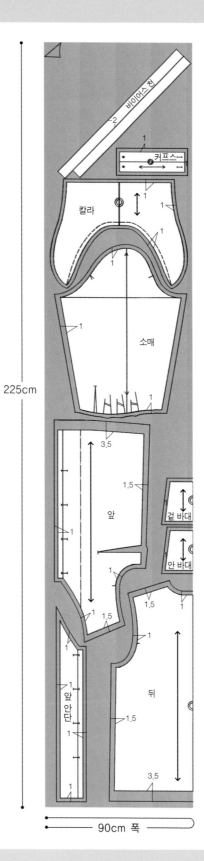

225cm

바이어스 천

2

1

커프스

1

칼라

1

1

1

소매

1

1

3,5

1,5

앞

겉 바대

1

안 바대

1

1,5

1

1,5

1,5

1

1

1,5

1

앞
안
단

뒤

1

1,5

1

3,5

1

90cm 폭

01 표시를 한다.

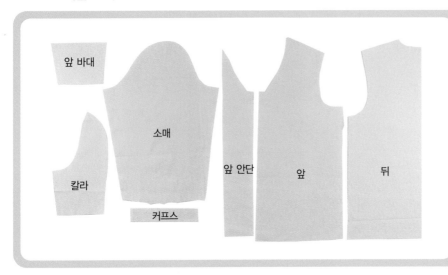

앞 바대

소매

칼라

커프스

앞 안단

앞

뒤

01 재단시 표시된 앞뒤 몸판과 앞 안단, 소매와 커프스, 칼라와 앞 바대의 완성선에 초크로 표시된 완성선을 따라 실표뜨기로 표시를 한다.

02 접착심지를 붙인다.

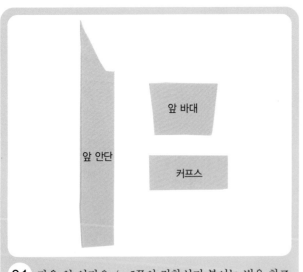

앞 안단

앞 바대

커프스

01 좌우 앞 안단은 4~5쪽의 접착심지 붙이는 법을 참조하여 같은 방법으로 붙이고, 좌우 커프스와 앞 바대의 이면에 접착심지를 붙인다.

03 가슴다트를 박는다.

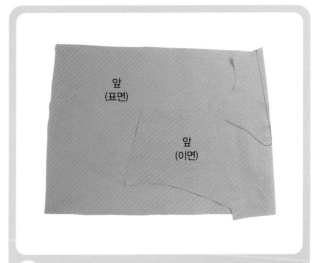

앞
(표면)

앞
(이면)

01 좌우 앞판의 가슴다트를 박은 다음, 다트 끝점에서 실을 조금 길게 남기고 자른다.

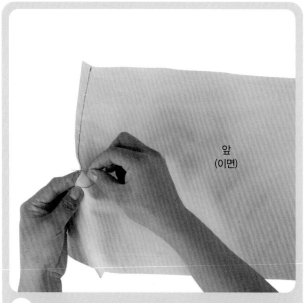

02 다트 끝점에서 실을 바짝 묶은 다음, 실 두 올을 함께 바늘에 끼워 다트를 박은 바늘땀에 4~5땀 감침질하고 실 끝을 잘라낸다.

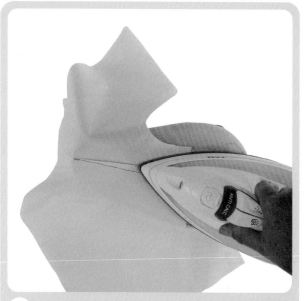

03 다트 시접을 어깨선 쪽으로 넘긴다.

주 : 가슴다트 시접은 가슴 위치에 따라 넘기는 방향이 다르다. 가슴이 처져 있는 경우에는 어깨선 쪽으로, 가슴이 위쪽으로 올라가 있는 경우에는 아래쪽으로 넘긴다.

04 어깨선을 박는다.

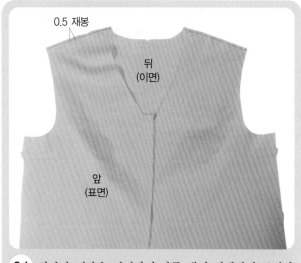

01 앞판과 뒤판을 이면끼리 마주 대어 어깨선의 표시끼리 맞추고, 시접 끝에서 0.5cm 들어와 박는다.

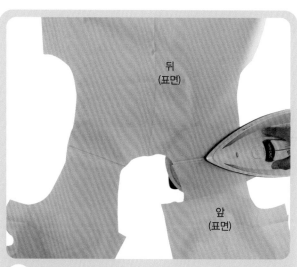

02 시접을 가른다.

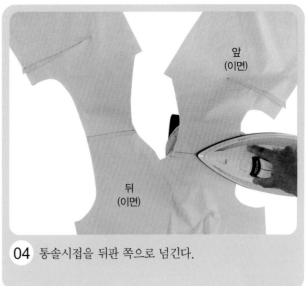

03 앞판과 뒤판을 겉끼리 마주 대어 어깨선의 표시끼리
맞추고 완성선을 박는다.

04 통솔시접을 뒤판 쪽으로 넘긴다.

05 앞 몸판에 앞 안단을 단다.

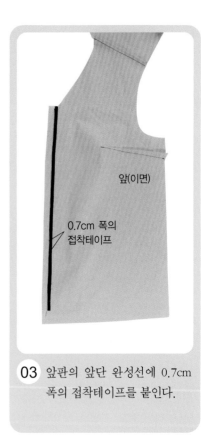

01 좌우 앞판과 좌우 앞 안단을
각각 겉끼리 마주 대어 앞단의
완성선을 박는다.

02 시접을 0.5cm로 정리한다.

03 앞판의 앞단 완성선에 0.7cm
폭의 접착테이프를 붙인다.

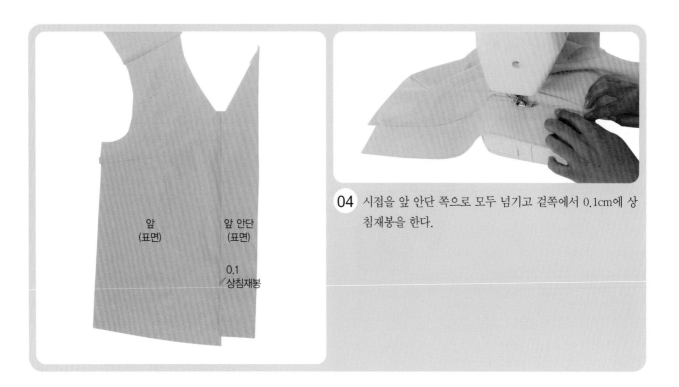

04 시접을 앞 안단 쪽으로 모두 넘기고 겉쪽에서 0.1cm에 상
침재봉을 한다.

앞
(표면)

앞 안단
(표면)

0.1
상침재봉

06 칼라를 만들어 단다.

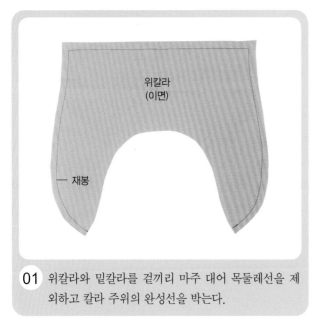

위칼라
(이면)

— 재봉

01 위칼라와 밑칼라를 겉끼리 마주 대어 목둘레선을 제
외하고 칼라 주위의 완성선을 박는다.

02 시접을 0.5cm로 정리한다.

03 밑칼라 쪽이 위로 오게 하여 시접을 가른다.

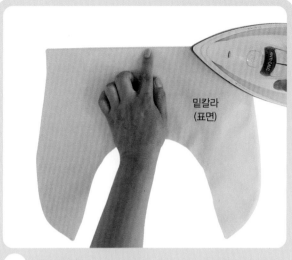

04 겉으로 뒤집어서 밑칼라 쪽을 0.1cm 안쪽으로 밀어 다림질한다.

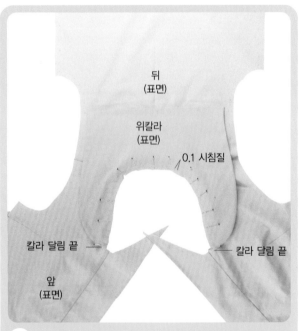

05 몸판의 표면 쪽에 밑칼라를 마주 대어 목둘레선의 칼라 달림 끝점, 옆 목점, 뒤 목점의 표시끼리 맞추어 핀으로 고정시키고, 완성선에서 0.1cm 시접 쪽에 시침질로 고정시킨다.

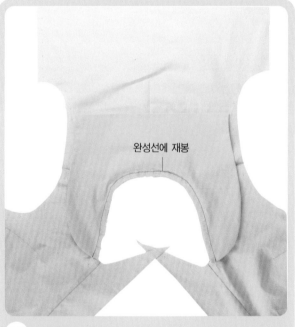

06 목둘레선의 완성선을 좌우 칼라 달림 끝 위치까지 박는다.

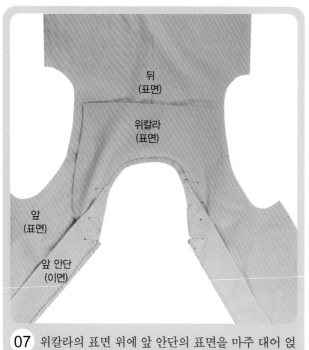

뒤
(표면)

위칼라
(표면)

앞
(표면)

앞 안단
(이면)

07 위칼라의 표면 위에 앞 안단의 표면을 마주 대어 얹고, 완성선에서 0.1cm 시접 쪽에 시침질로 고정시킨다.

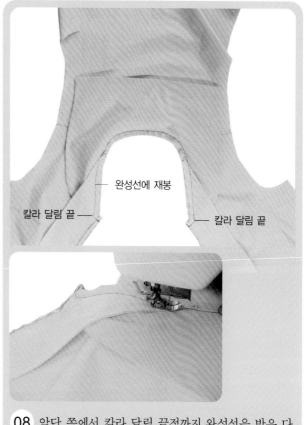

완성선에 재봉

칼라 달림 끝 ——

—— 칼라 달림 끝

08 앞단 쪽에서 칼라 달림 끝점까지 완성선을 박은 다음, 바늘을 꽂은 채로 노루발을 들어 방향을 목둘레선 쪽으로 돌린 다음 완성선을 따라 박는다.

0.6

09 시접을 0.6cm로 정리한다.

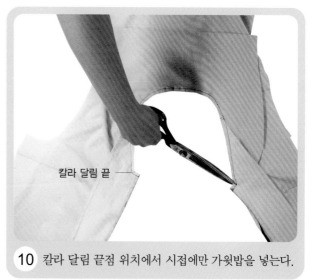

칼라 달림 끝 ——

10 칼라 달림 끝점 위치에서 시접에만 가윗밥을 넣는다.

11 목둘레선의 곡선 부분에 가윗밥을 넣는다.

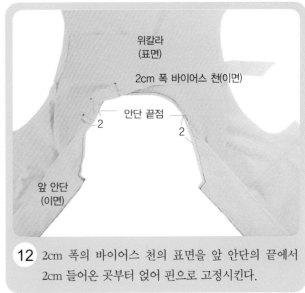

위칼라
(표면)

2cm 폭 바이어스 천(이면)

안단 끝점

2

2

앞 안단
(이면)

12 2cm 폭의 바이어스 천의 표면을 앞 안단의 끝에서
2cm 들어온 곳부터 얹어 핀으로 고정시킨다.

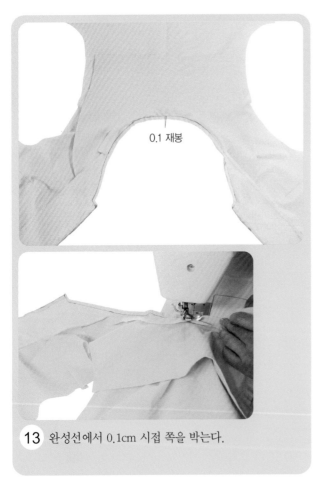

0.1 재봉

13 완성선에서 0.1cm 시접 쪽을 박는다.

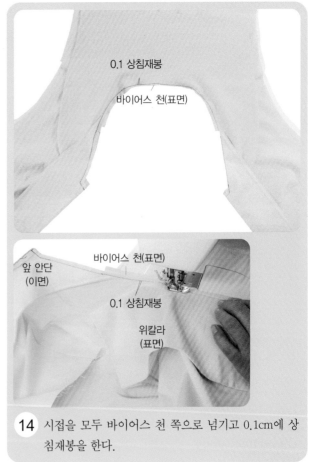

0.1 상침재봉

바이어스 천(표면)

앞 안단
(이면)

바이어스 천(표면)

0.1 상침재봉

위칼라
(표면)

14 시접을 모두 바이어스 천 쪽으로 넘기고 0.1cm에 상
침재봉을 한다.

15 바이어스 천의 반대쪽으로 시접을 감싸 시침질로 고정시킨다.

16 목둘레선의 완성선에서 0.7cm 폭으로 바이어스 천을 박아 고정시킨다.

07 옆선을 박는다.

01 앞판과 뒤판을 이면끼리 마주 대어 옆선의 표시끼리 맞추어 핀으로 고정시킨다.

02 시접 끝에서 0.5cm 들어와 박는다.

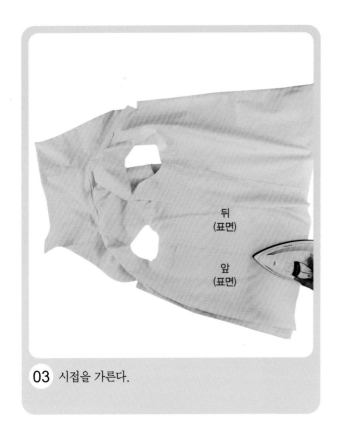

03 시접을 가른다.

뒤
(표면)

앞
(이면)

04 앞판과 뒤판을 겉끼리 마주 대어 옆선의 표시끼리 맞
추어 핀으로 고정시킨다.

앞
(이면)

—— 옆선의 완성선에 재봉

05 옆선의 완성선을 박는다.

앞
(이면)

뒤
(이면)

06 통솔시접을 뒤판 쪽으로 넘겨 다림질한다.

08 소매를 만들어 단다.

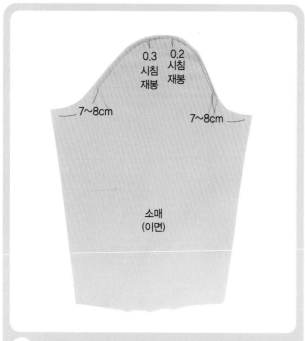

01 소매산 쪽의 완성선에서 0.3cm 시접 쪽으로 나가 시침재봉을 한 다음, 그곳에서 0.2cm 시접 쪽으로 나가 다시 한 줄 시침재봉을 한다.

02 소맷단 쪽의 슬래시 끝점까지 자른다.

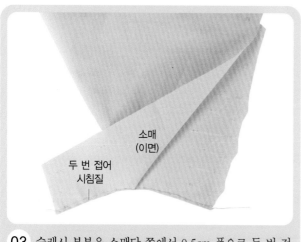

03 슬래시 부분을 소맷단 쪽에서 0.5cm 폭으로 두 번 접은 다음, 슬래시 트임 끝쪽을 향해 폭을 좁혀 가면서 두 번 접기하여 시침질한다.

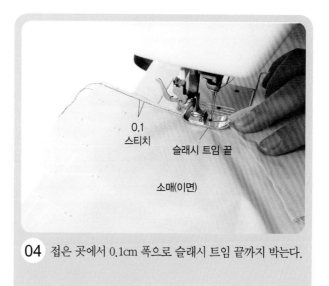

04 접은 곳에서 0.1cm 폭으로 슬래시 트임 끝까지 박는다.

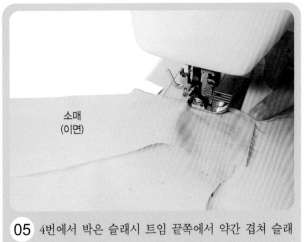

소매
(이면)

05 4번에서 박은 슬래시 트임 끝쪽에서 약간 겹쳐 슬래시 트임 끝 위치에서 약간 올라간 곳부터 0.1cm 폭으로 박는다.

06 슬래시 트임 끝쪽의 실을 바짝 묶은 다음, 실 두 올을 함께 바늘에 끼워 바늘땀에 4~5땀 감침질하고 실을 잘라낸다.

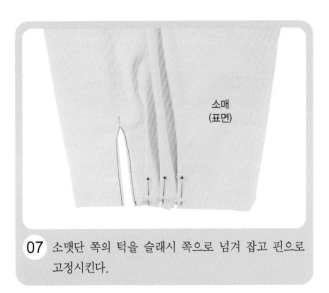

소매
(표면)

07 소맷단 쪽의 턱을 슬래시 쪽으로 넘겨 잡고 핀으로 고정시킨다.

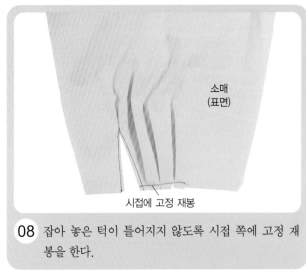

소매
(표면)

시접에 고정 재봉

08 잡아 놓은 턱이 틀어지지 않도록 시접 쪽에 고정 재봉을 한다.

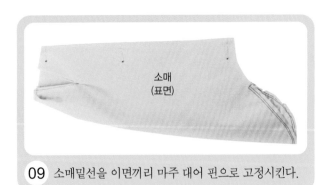

소매
(표면)

09 소매밑선을 이면끼리 마주 대어 핀으로 고정시킨다.

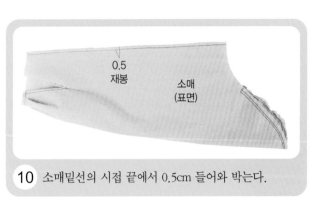

0.5
재봉

소매
(표면)

10 소매밑선의 시접 끝에서 0.5cm 들어와 박는다.

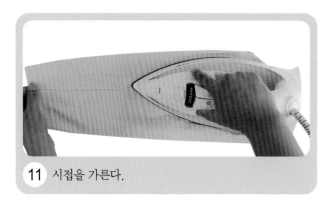

11 시접을 가른다.

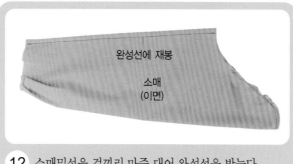
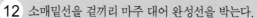

완성선에 재봉

소매
(이면)

12 소매밑선을 겉끼리 마주 대어 완성선을 박는다.

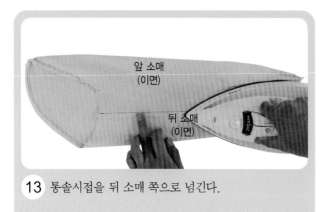

앞 소매
(이면)

뒤 소매
(이면)

13 통솔시접을 뒤 소매 쪽으로 넘긴다.

14 소매산 쪽에 시침재봉한 윗실 두 올을 함께 당겨 소
매산을 오그린다.

15 프레스 볼에 끼워 다리미 끝으로 오그림분을 눌러 자
리 잡아둔다.

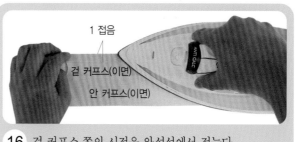

1 접음

겉 커프스(이면)

안 커프스(이면)

16 겉 커프스 쪽의 시접을 완성선에서 접는다.

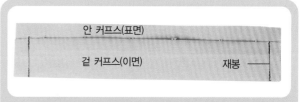

안 커프스(표면)

겉 커프스(이면)

재봉

17 안 커프스와 겉 커프스를 겉끼리 마주 대어 커프스의
양 옆선을 박는다.

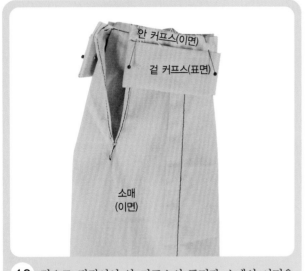

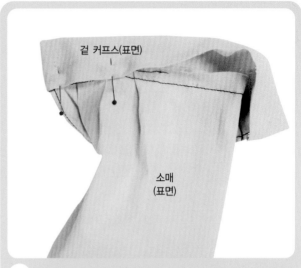

18 겉으로 뒤집어서 안 커프스의 표면과 소매의 이면을 마주 대어 핀으로 고정시킨다.

20 시접을 커프스 쪽으로 모두 넘기고 겉 커프스를 소매의 표면 쪽으로 넘겨 핀으로 고정시킨다.

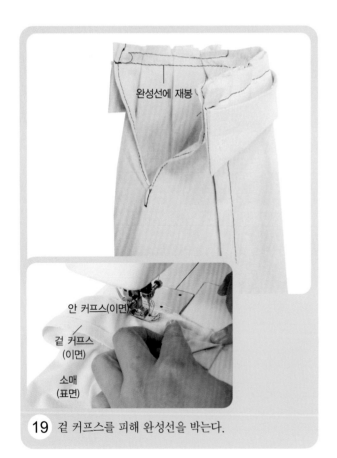

19 겉 커프스를 피해 완성선을 박는다.

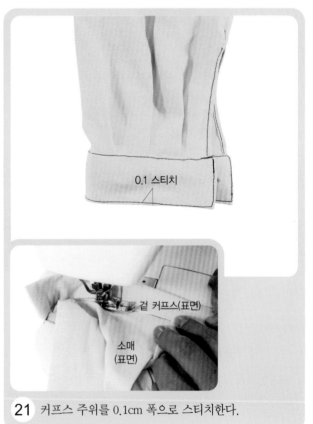

21 커프스 주위를 0.1cm 폭으로 스티치한다.

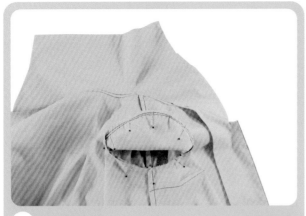

22 몸판의 어깨끝점과 소매산점을 겉끼리 마주 대어 맞추고 핀으로 고정시킨 다음, 앞뒤 소매맞춤 표시, 겨드랑 밑 표시끼리 맞추어 핀으로 고정시키고 그 사이 사이를 핀으로 고정시킨 다음, 완성선에서 0.1cm 시접 쪽에 시침질로 고정시킨다.

뒤
(이면)

소매
(이면)

앞
(이면)

소매
(이면)

앞
(이면)

23 소매 쪽이 위로 오게 하여 완성선을 박는다.

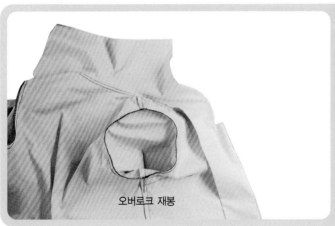

오버로크 재봉

24 몸판과 소매의 시접을 두 장 함께 오버로크 재봉을 한다.

09 밑단선을 처리한다.

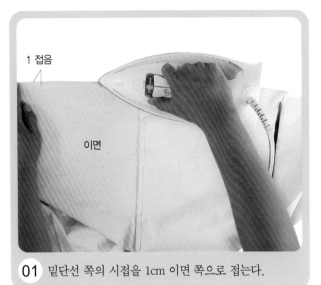

1 접음

이면

01 밑단선 쪽의 시접을 1cm 이면 쪽으로 접는다.

2.5 접음

이면

02 완성선에서 이면 쪽으로 접는다.

앞
(표면)

앞 안단
(이면)

재봉

03 밑단선 쪽의 앞 안단을 앞 몸판 쪽의 표면과 마주 대어 표시끼리 맞추어 완성선을 박는다.

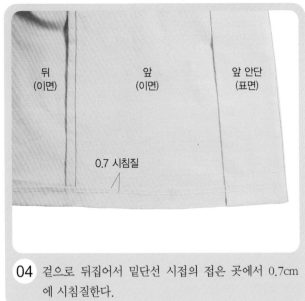

뒤
(이면)

앞
(이면)

앞 안단
(표면)

0.7 시침질

04 겉으로 뒤집어서 밑단선 시접의 접은 곳에서 0.7cm에 시침질한다.

2.3cm

05 스티치용 어태치먼트를 2.3cm 폭으로 맞추어 고정시
킨다.

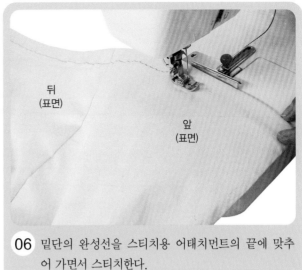

뒤
(표면)

앞
(표면)

06 밑단의 완성선을 스티치용 어태치먼트의 끝에 맞추
어 가면서 스티치한다.

10 앞 바대를 만든다.

겉 바대
(이면)

박지 않고 남김

01 겉 바대와 안 바대를 겉끼리 마주 대어 완성선을 박
는다. 이때 밑단 쪽의 중간 부분은 뒤집을 수 있도록
5cm 정도 박지 않고 남겨둔다.

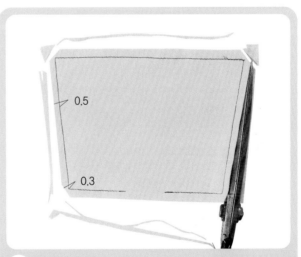

0.5

0.3

02 직선 부분의 시접은 0.5cm 폭으로 정리하고, 모서리
부분은 0.3cm 남기고 삼각으로 잘라낸다.

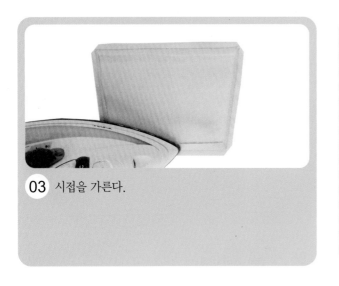

03 시접을 가른다.

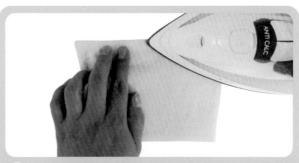

04 박지 않고 남겨 두었던 곳으로 손을 넣어 겉으로 뒤집은 다음, 겉 바대와 안 바대가 차이 나지 않도록 다림질한다. 그리고, 뒤집기 위해 박지 않고 남겨둔 곳은 공그르기로 고정시킨다.

11 단춧구멍을 만들고 단추를 달아 완성한다.

01 앞 오른쪽 몸판과 커프스의 턱을 잡은 쪽에 단춧구멍을 만들고, 앞 왼쪽 몸판과 커프스의 턱을 잡은 반대쪽에 단추를 달아 완성한다.

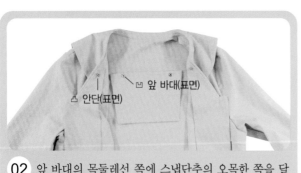

02 앞 바대의 목둘레선 쪽에 스냅단추의 오목한 쪽을 달고, 앞 안단에 스냅단추의 볼록한 쪽을 단다.

03 마무리 다림질은 23쪽의 경우와 동일하다.

06

윙 칼라 ✻
드롭프드 숄더의 셔츠 반소매 블라우스

Wing Collar · *Shirt Half Sleeve of Dropped Shoulder Blouse*

○ 실루엣

목의 뒷부분은 칼라를 세우면서 앞 부분은 목에서 떨어져 날개를 펼친 것 같이 밖으로 접어 넘기는 윙 칼라와 소매산이 낮아 팔을 움직이기 쉬운 셔츠 반소매의 활동적인 요소를 지닌 블라우스이다. 소재의 선택에 따라 T-셔츠의 느낌을 주기도 한다.

○ 소재

스포티한 느낌에는 면 브로드, 저지, 피케 등이 적합하며, 고급스러운 느낌에는 조젯, 실크, 새틴과 같은 부드러운 소재가 적합하다.

○ 포인트

옆선 쪽 시접까지 연결된 주머니 만들어 다는 법, 앞 트임까지 연결된 윙 칼라와 부분 앞트임의 여밈 처리법, 셔츠소매 다는 법을 배운다.

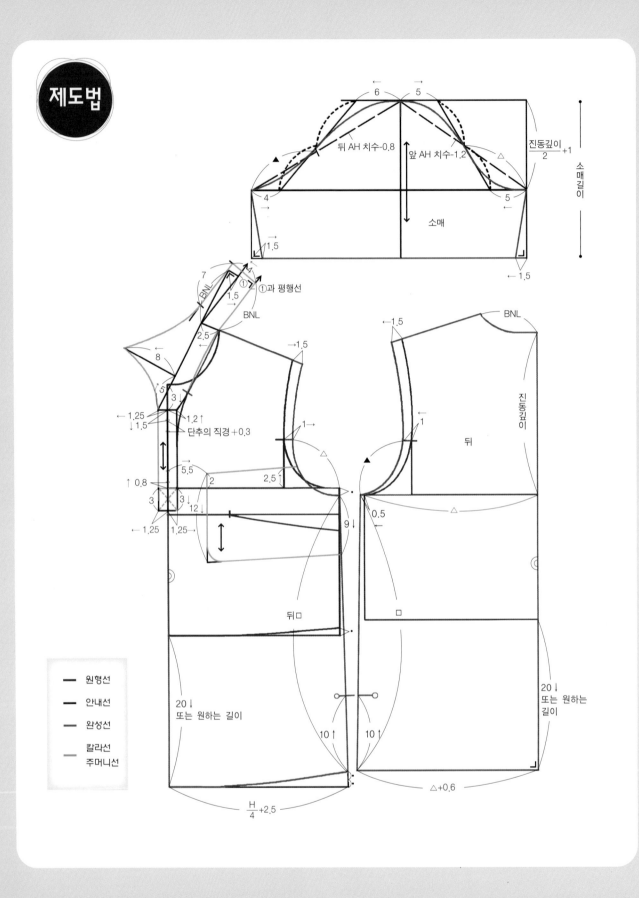

제도법

6 ← → 5

뒤 AH 치수-0.8   앞 AH 치수-1.2

$\dfrac{진동깊이}{2}$+1

소매길이

소매

4 →

5 ←

→ 1.5

← 1.5

7

BNL
1.5 →
①과 평행선
BNL

8 ←
2.5

→ 1.5

5

3

← 1.25
↓ 1.5
1.2 ↑
단추의 직경+0.3

← 1.5

1 ←

진동깊이

뒤

BNL

↑ 0.8

5.5 →
2
2.5 ↑
→ 1.5
1 ←

3
3 ↓
12 ↓
9 ↓

← 1.25   1.25

0.5 ←
△

뒤ㅁ

뒤ㅁ

ㅁ

20 ↓
또는 원하는 길이

20 ↓
또는 원하는 길이

10 ↑

10 ↑

△+0.6

$\dfrac{H}{4}$+2.5

— 원형선
— 안내선
— 완성선
— 칼라선
    주머니선

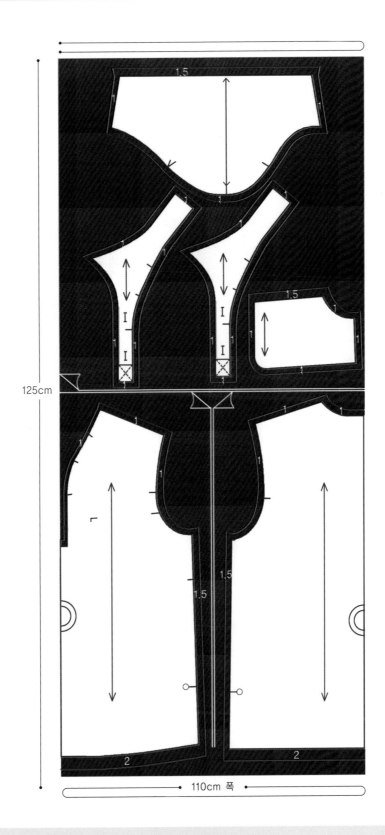

01 표시를 한다.

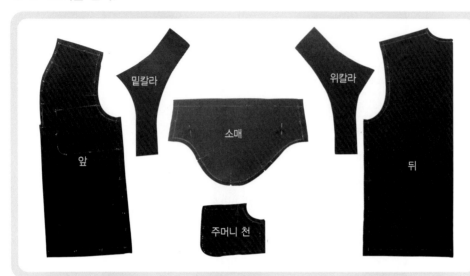

01 재단시 앞뒤 몸판과 소매, 주머니 천의 완성선에 초크로 표시된 완성선을 따라 실표뜨기로 표시를 한다. 칼라는 접착심지를 붙인 후 표시를 한다.

02 접착테이프와 접착심지를 붙인다.

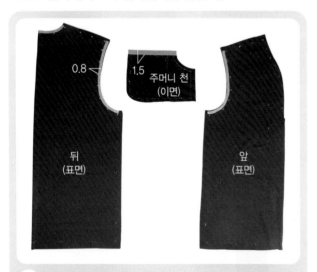

01 뒤 목둘레선과 앞뒤 진동둘레선의 완성선에서 0.1cm 표면 쪽 시접에 0.6cm 폭의 반바이어스 접착테이프를 붙이고, 주머니 천 입구 시접에 1.5cm 폭의 세로 접착테이프를 붙인다.

02 재단된 주머니 천에 맞추어 좌우 접착심지를 잘라, 주머니 천과 접착심지를 겉끼리 마주 대어 주머니 입구의 시접 끝에서 0.5cm 들어와 박는다.

주 : 주머니 입구 쪽은 접착심지 시접을 0.5cm로 재단한다.

03 시접을 접착심지 쪽으로 넘겨 겉쪽에서 0.1cm에 상
침재봉을 한다.

04 주머니 입구의 완성선에서 접어 접착심지를 내리고
접착시킨다. 좌우 위칼라와 좌우 밑칼라에 접착심지
를 각각 붙인다.

03 주머니를 만들어 단다.

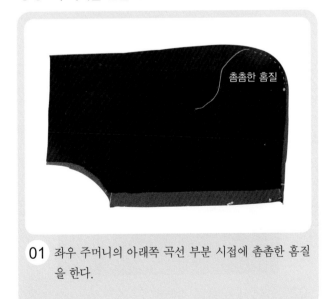

01 좌우 주머니의 아래쪽 곡선 부분 시접에 촘촘한 홈질
을 한다.

02 두꺼운 종이에 주머니 곡선모양을 따라 그리고 오려
낸 패턴을 이면 쪽에서 곡선의 완성선에 맞추어 대고
홈질한 실을 당겨 곡선 모양대로 다림질한다.

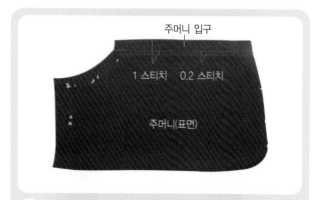

03 주머니 입구에서 1cm 폭으로 스티치한 다음, 그곳에서 0.2cm 내려와 다시 한 줄 스티치한다.

04 앞판의 표면 위에 주머니의 이면을 마주 대어 얹고 표시끼리 맞추어 핀으로 고정시킨다.

05 샌드페이퍼를 주머니 주위의 단 끝에서 0.1cm 차이 지게 얹어 주머니 주위를 0.1cm 폭으로 스티치한다.

04 어깨선을 박는다.

01 앞판과 뒤판을 겉끼리 마주 대어 어깨선의 표시끼리 맞추고 핀으로 고정시킨다.

02 어깨선의 완성선을 박는다.

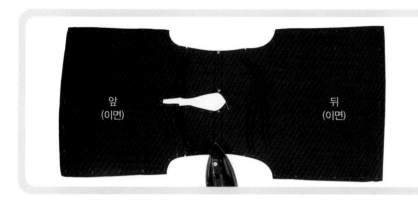

03 앞뒤 어깨선 시접에 각각 오버로크 재봉을 한 다음, 시접을 가른다.

05 칼라를 만들어 단다.

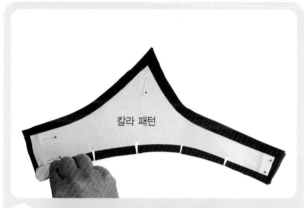

01 위칼라와 밑칼라의 이면에 칼라 패턴을 얹어 완성선을 초크로 표시한다.

02 좌우 위칼라와 밑칼라를 각각 표면끼리 마주 대어 겹쳐놓고 1번에서 표시한 완성선을 따라 실표뜨기로 표시를 한다.

03 위칼라와 밑칼라의 뒤 중심선을 각각 박고 시접을 가른다.

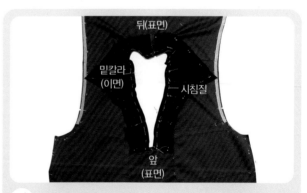

04 몸판의 표면에 밑칼라의 표면을 마주 대어 얹고 각 맞춤 표시끼리 맞추어 핀으로 고정시킨 다음, 완성선에서 0.1cm 시접 쪽에 시침질로 고정시킨다.

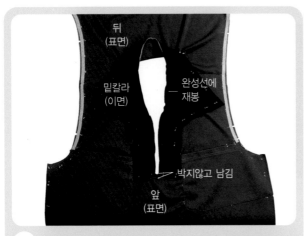

05 좌우 앞 여밈의 트임 끝 위치까지만 완성선을 박는다.

06 밑칼라의 표면 위에 위칼라의 표면을 마주 대어 얹고, 칼라 바깥쪽의 각 맞춤 표시 위치가 틀어지지 않도록 각 위치에서 위칼라를 0.2cm 안쪽으로 밀어 핀으로 고정시킨 다음 그 중간 중간에도 0.2cm 밀어 핀으로 고정시키고, 위칼라의 완성선에 시침질한다.

07 밑칼라의 완성선을 박는다. 이때 앞 여밈의 트임 끝 솔기선 쪽 위칼라 시접을 밑칼라 쪽으로 완성선에서 접어 넘기고 앞 여밈 끝쪽의 칼라만을 박는다.

주 : 몸판에 겹쳐 박지 않도록 주의한다.

08 앞 트임 끝쪽의 칼라 모서리 부분의 시접을 0.3cm 남기고 삼각으로 잘라낸다.

09 앞 여밈 트임 끝 모서리 부분에 몸판의 시접에만 가윗밥을 넣는다.

10 칼라 바깥쪽 주위의 시접을 0.6cm로 정리하고 칼라 끝 모서리 부분의 시접은 0.3cm 남기고 삼각으로 잘라낸다.

11 밑칼라 쪽이 위로 오게 하여 시접을 가른다.

12 칼라를 겉으로 뒤집어서 밑칼라를 0.1cm 안쪽으로 밀어 다림질한다.

위칼라(표면)

뒤(이면)

앞(표면)

13 위칼라의 솔기선 쪽 시접을 칼라 쪽으로 접어 넣고 시침질로 고정시킨다.

뒤
(표면)

밑칼라
(표면)

위칼라
(표면)

가윗밥 위치

앞 몸판 시접

앞
(표면)

14 9번에서 가윗밥을 넣은 앞 여밈 트임 끝 위치의 중심쪽 시접을 앞 왼쪽의 밑칼라 위쪽으로 얹어 시침질로 고정시킨다.

위칼라
(표면)

밑칼라
(표면)

0.1
스티치

15 칼라의 바깥쪽 주위에 0.1cm 폭으로 스티치한다.

상
침
재
봉

앞
(표면)

16 왼쪽 앞 여밈 트임 끝 위치에 앞 오른쪽의 여밈을 겹쳐 얹고 앞 왼쪽까지 통하게 겉쪽에서 스티치한다.

06 옆선을 박는다.

오버로크 재봉

01 앞판과 뒤판의 양 옆선 시접에 각각 오버로크 재봉을 한다.

앞
(이면)

옆선 재봉

02 앞판과 뒤판을 겉끼리 마주 대어 옆선의 표시끼리 맞추어 옆선의 완성선을 박는다.

03 시접을 가른다.

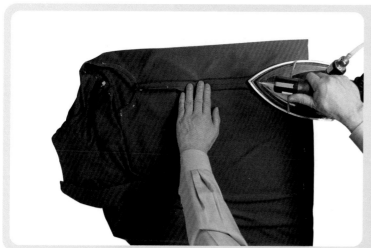

07 소매를 만들어 단다.

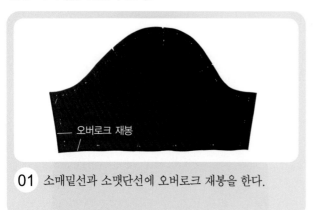

오버로크 재봉

01 소매밑선과 소맷단선에 오버로크 재봉을 한다.

완성선에서 접음

02 소맷단 쪽의 완성선에서 이면 쪽으로 접고 가볍게 다림질한다.

03 소매밑선을 박고 시접을 가른다.

소매 (이면)

앞 (이면)

뒤 (이면)

05 소매산 쪽에 이세분량이 없는 소매이므로 몸판의 어깨끝점과 소매산점을 겉끼리 마주 대어 핀으로 고정시킨 다음, 앞뒤 소매맞춤 표시, 겨드랑 밑선의 표시끼리 맞추어 핀으로 고정시키고, 그 중간 중간에도 핀으로 고정시킨 다음, 완성선에서 0.1cm 시접 쪽에 홈질로 고정시킨다.

0.2   1

04 소맷단 시접을 접어올리고 1cm 폭으로 스티치한 다음, 그곳에서 다시 0.2cm 올라간 곳에 스티치한다

소매 (이면)

완성선에 재봉

앞 (이면)

뒤 (이면)

06 소매 쪽이 위로 오게 하여 완성선을 박는다.

07 시접을 두 장 함께 오버로크 재봉을 한다.

08 시접을 몸판 쪽으로 넘기고 겉쪽에서 0.1cm 폭으로 스티치한다.

08 밑단선을 처리한다.

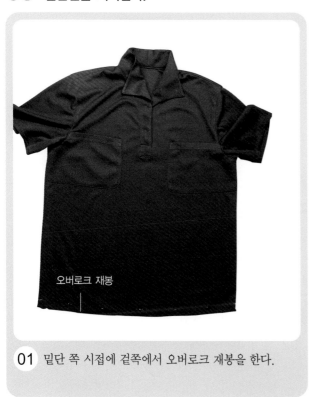

01 밑단 쪽 시접에 겉쪽에서 오버로크 재봉을 한다.

02 밑단선의 시접을 완성선에서 이면 쪽으로 접어 다림 질한다.

03 밑단선에서 1.8cm 폭으로 스티치한 다음, 그곳에서 다시 0.2cm 올라간 곳에 스티치한다

09 단춧구멍을 만들고 단추를 달아 완성한다.

01 앞 오른쪽에 단춧구멍을 만든다.

02 앞 왼쪽에 단추를 달아 완성한다. 여기에서는 폴리에스테르저지를 사용하였으므로 마무리 다림질이 필요 없지만 면이나 실크와 같은 소재라면 23쪽과 같이 마무리 다림질을 한다.

07 프릴 칼라 ✤ 셋인 7부 소매 블라우스

Frill Collar · Set-in Three Quarter Sleeve Blouse

○ 실루엣

라운드 넥에 프릴 칼라를 달고 앞 오른쪽 여밈에 프릴을 댄 셋인 7부 소매의 양옆 허리만 약간 쉐이프시킨 여성스럽고 우아한 느낌의 블라우스이다. 착용 방법은 스커트나 팬츠 위로 밑단 쪽을 내어 입는 오버 블라우스식 스타일이다.

○ 소재

면 보일, 실크 데싱, 화섬의 조젯, 새틴, 산텅, 파유, 자카드, 도비 직물 등과 같은 얇고 부드러운 소재가 고급스러운 느낌을 준다.

○ 포인트

프릴 칼라 만들어 다는 법과 단추 고리 만드는 법을 배운다.

제도법

● 소매산 쪽은 소매원형 제도
와 동일하므로 앞뒤 AH 치
수를 재어 같은 방법으로
제도한다.

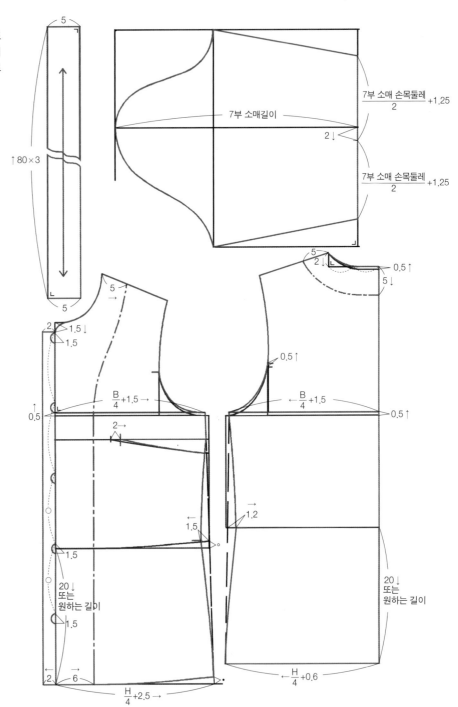

$\dfrac{\text{7부 소매 손목둘레}}{2}$+1.25

7부 소매길이

2↓

$\dfrac{\text{7부 소매 손목둘레}}{2}$+1.25

↑80×3

5

5

5

2

0.5↑

5↓

0.5↑

2 1.5↓

1.5

0.5↑

$\dfrac{B}{4}$+1.5 →

← $\dfrac{B}{4}$+1.5

0.5↑

0.5

2→

→

1.2

←

1.5

1.5

1.5

20↓
또는
원하는 길이

20↓
또는
원하는 길이

← $\dfrac{H}{4}$+0.6

2

6

$\dfrac{H}{4}$+2.5 →

— 원형선

— 안내선

— 완성선

재단법

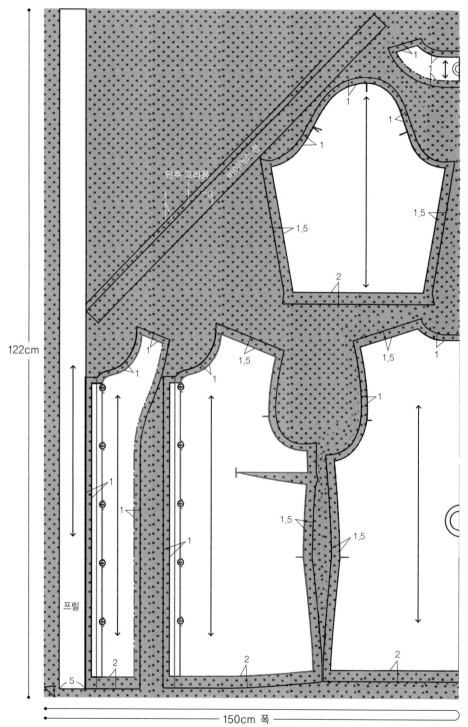

122cm

150cm 폭

단추 고리용

바이어스 천

3

프릴

1

1

1.5

1

1.5

1

1.5

1.5

1

1.5

1

2

2

1

1

1

1

1.5

1.5

5

2

2

2

봉제법   How to make

01 표시를 한다.

뒤 안단

소매   앞 안단   앞   뒤

01 재단시 앞뒤 몸판과 앞뒤 안단, 소매의 완성선에 초크로 표시된 완성선을 따라 실표뜨기로 표시를 한다.

02 접착심지와 접착테이프를 붙인다.

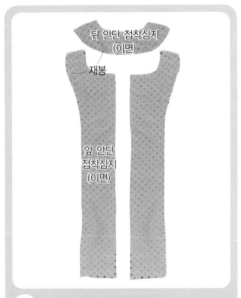

뒤 안단 접착심지
(이면)

재봉

앞 안단
접착심지
(이면)

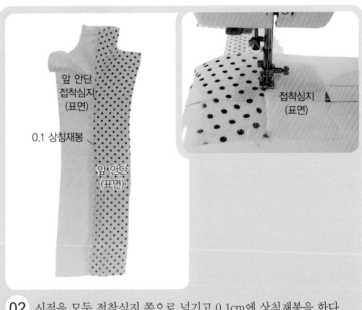

앞 안단
접착심지
(표면)

0.1 상침재봉

앞 안단
(표면)

접착심지
(표면)

01 앞뒤 안단과 접착심지를 겉끼리 마주 대어 맞추고 앞 안단의 곡선 쪽과 뒤 안단의 아래쪽의 완성선을 박는다.

02 시접을 모두 접착심지 쪽으로 넘기고 0.1cm에 상침재봉을 한다.

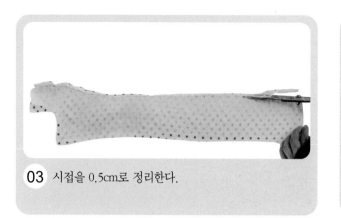

03 시접을 0.5cm로 정리한다.

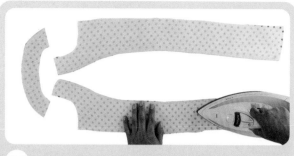

04 접착심지와 앞 안단을 이면끼리 마주 대어 맞추고 접착시킨다.

05 앞 오른쪽 몸판에는 앞단 쪽에 3cm 폭의 접착심지를 붙이고, 앞 왼쪽의 앞단 완성선에는 1cm 폭의 세로 접착테이프를, 좌우 네크라인과 뒤 네크라인은 0.8cm 폭의 반바이어스 접착테이프를 붙인다.

0.8cm 폭의
반바이어스 테이프

앞 중심선

1cm 폭의
접착테이프

2.5cm 폭의
접착심지

앞 왼쪽
(이면)

앞 오른쪽
(이면)

0.8cm 폭의
반바이어스 테이프

뒤
(이면)

03 앞판의 가슴다트를 박는다.

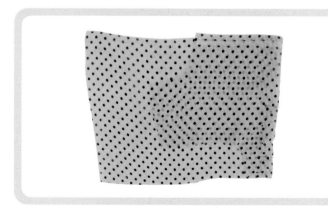

01 좌우 앞판의 가슴다트를 박은 다음, 실 끝을 조금 길게 남기고 자른다.

02 매듭을 짓고 실 두 올을 함께 바늘에 끼워 바늘땀에 4~5땀 정도 감침질하고 실 끝을 잘라낸다.

03 시접을 어깨 쪽으로 넘긴다.

04 시접을 두 번 접어박기한다.

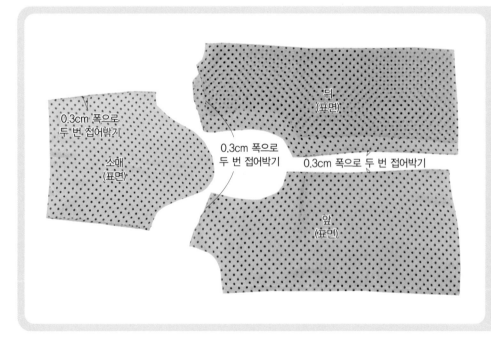

0.3cm 폭으로 두 번 접어박기

소매 (표면)

0.3cm 폭으로 두 번 접어박기

뒤 (표면)

0.3cm 폭으로 두 번 접어박기

앞 (표면)

05 앞뒤 몸판의 옆선과 어깨선, 소매밑선을 각각 이면 쪽으로 0.3cm씩 두 번 접어박기한다.

주 : ① 비치지 않는 천의 경우에는 시접을 1cm 남기고 오버로크 재봉을 해도 좋다. ② 또는 통솔로 처리해도 좋다.

05 어깨선을 박는다.

01 앞판과 뒤판을 겉끼리 마주 대어 어깨선을 박는다.

02 앞 안단과 뒤 안단을 겉끼리 마주 대어 어깨선을 박는다.

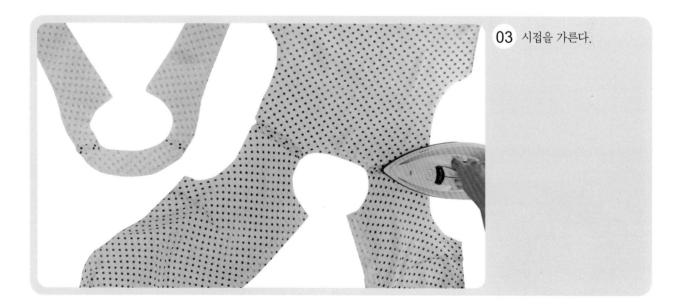

03 시접을 가른다.

06 프릴과 단추 고리를 만들어 단다.

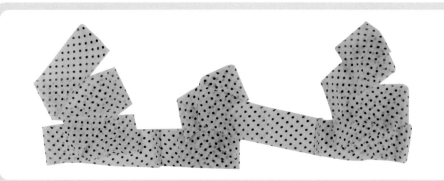

01 프릴의 이음선을 이은 다음, 시접을 가른다.

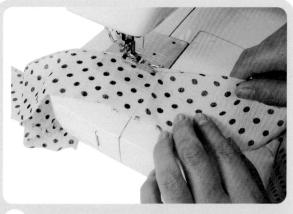

02 말아박기용 노루발로 교체하고, 프릴 칼라의 한쪽 단을 말아박기한다.

03 다시 평노루발로 교체하고 칼라 다는 쪽의 시접 끝에서 0.3cm 들어와 시침재봉을 한 다음, 그곳에서 0.3cm 들어와 다시 한 줄 시침재봉을 한다.

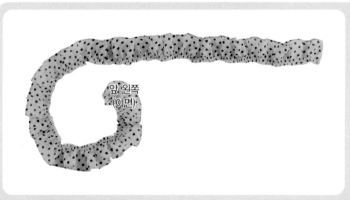

앞 왼쪽
(이면)

04 시침재봉한 윗실 두 올을 함께 당겨 개더를 잡은 다음, 앞 왼쪽의 칼라 끝쪽을 둥그런 모양으로 잡아 개더가 움직이지 않도록 고정 재봉을 한다.

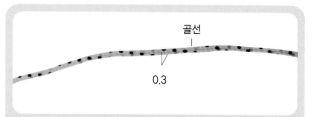

06 1cm 폭으로 재단해둔 바이어스 천을 반으로 접어 0.3cm 폭으로 박는다.

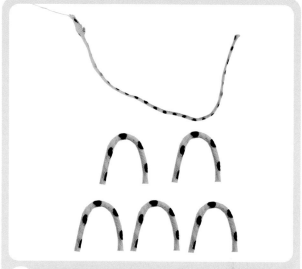

05 몸판의 표면 위에 만들어진 프릴 칼라의 표면 쪽을 마주 대어 앞 왼쪽 칼라 달림 끝점부터 맞추어 얹고 완성선에서 0.1cm 시접 쪽에 시침질로 고정시킨다.

07 겉으로 뒤집어서 다림질한 다음, 5cm 길이로 잘라 곡선모양으로 다림질 해둔다.

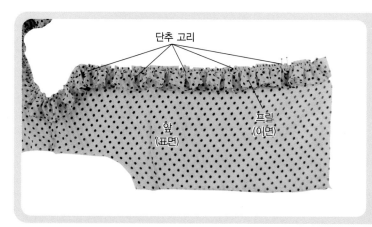

08 각 단추 고리 다는 위치에 단추 고리의 곡선 쪽을 몸판 쪽으로 향하게 맞추어 얹고 핀으로 고정시킨 다음, 완성선에서 0.1cm 시접 쪽을 박아 단추 고리와 프릴을 고정시킨다.

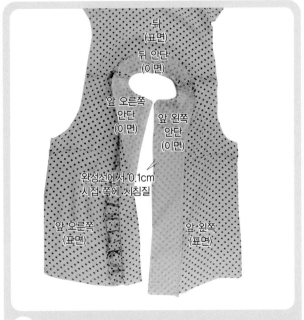

01 프릴과 단추 고리를 단 그 위에 안단의 표면을 마주 대어 표시끼리 맞추어 얹고, 안단의 완성선에서 0.1cm 시접 쪽에 시침질로 고정시킨다.

02 완성선을 박는다.

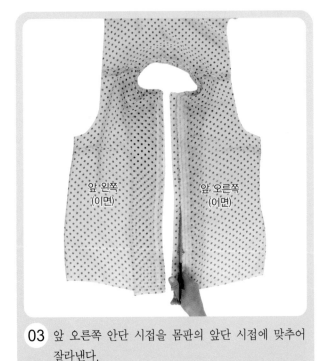

03 앞 오른쪽 안단 시접을 몸판의 앞단 시접에 맞추어 잘라낸다.

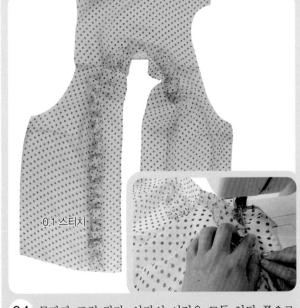

04 몸판과 프릴 칼라, 안단의 시접을 모두 안단 쪽으로 넘겨 겉쪽에서 0.1cm에 상침재봉을 한다.

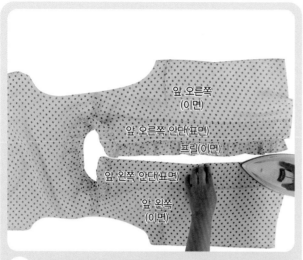

05 안단의 이면과 몸판의 이면을 마주 대어 앞단 쪽 시접을 0.1cm 안쪽으로 밀어 다림질한다.

06 안단의 어깨선 끝을 몸판의 어깨선 시접에 감침질로 고정시킨다.

08 옆선을 박는다.

01 앞판과 뒤판을 겉끼리 마주 대어 옆선의 표시끼리 맞추고 옆선의 완성선을 박는다.

02 시접을 가른다.

09 소매를 만들어 단다.

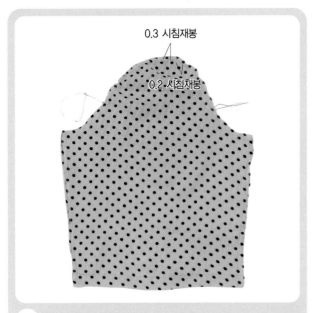

0.3 시침재봉

0.2 시침재봉

01 소매산의 완성선에서 0.2cm 시접 쪽에 시침재봉을 한 다음, 그곳에서 다시 0.3cm 시접 쪽으로 나가 다시 한 줄 시침재봉을 한다.

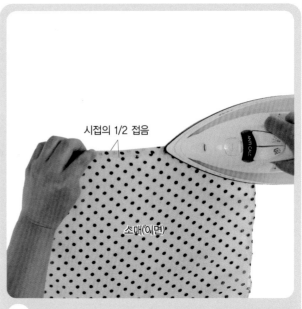

시접의 1/2 접음

소매(이면)

02 소맷단 시접의 1/2 분량을 이면 쪽으로 접어 다리미로 자리 잡아둔다.

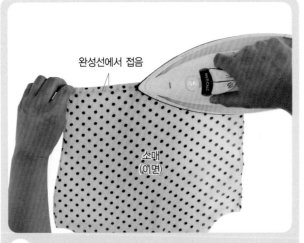

완성선에서 접음

소매
(이면)

03 소맷단 시접을 완성선에서 이면 쪽으로 접어 다리미로 자리 잡아둔다.

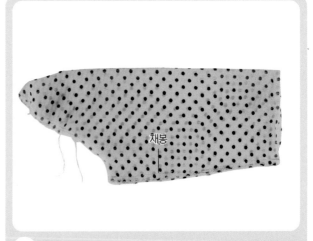

채봉

04 접은 소맷단 쪽의 시접을 펴고 앞뒤 소매밑선을 겉끼리 마주 대어 표시끼리 맞추고 완성선을 박는다.

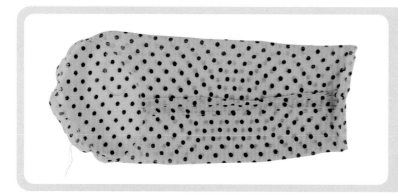

05 시접을 가른다.

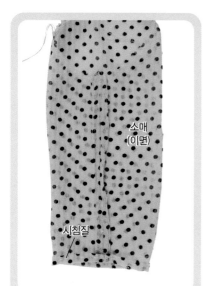

소매
(이면)

시침질

06 다시 2, 3번에서 자리 잡아두 었던 소맷단 시접을 접어올려 시침질로 고정시킨다.

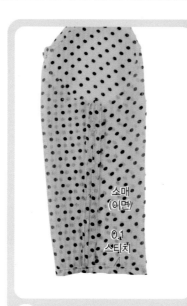

소매
(이면)

0.1
스티치

07 0.1cm에 스티치한다.

08 소매산에 시침재봉한 윗실 두 올을 함께 당겨 소매산을 오그 린다.

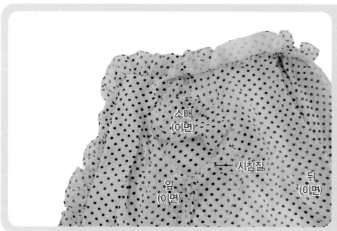

소매
(이면)

시침질

앞
(이면)

뒤
(이면)

09 몸판의 어깨끝점과 소매산점을 겉끼리 마주 대어 표시끼리 맞추고 핀으로 고정시킨 다음, 앞뒤 소매 맞춤 표시, 겨드랑 밑쪽 몸판의 옆선과 소매밑선을 표시끼리 맞추어 각각 핀으로 고정시키고, 그 중간 중간에도 핀으로 고정시킨 다음, 완성선에서 0.1cm 시접 쪽에 시침질로 고정시킨다.

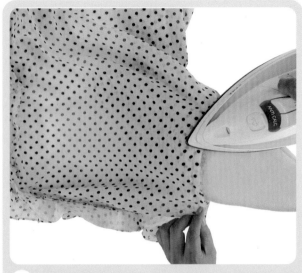

10 소매 쪽이 위로 오게 하여 완성선을 박는다.

완성선에 재봉

소매 (이면)

11 프레스 볼에 끼우고 다리미 끝을 이용하여 박음선에만 다림질한다.

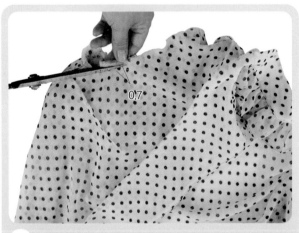

0.7

12 시접을 0.7cm로 정리한다.

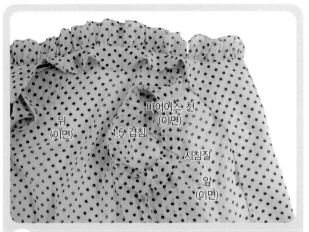

뒤 (이면)

바이어스 천 (이면)

1.5 겹침

시침질

앞 (이면)

13 3cm 폭으로 자른 바이어스 천의 한쪽 끝을 1cm 접은 상태로 겨드랑 밑쪽 몸판의 이면 위에 얹고, 소매를 단 완성선에 시침질로 고정시켜, 시작한 곳으로 돌아오면 1.5cm를 겹쳐 시침질로 고정시킨다.

14 시침질한 곳에서 0.1cm 시접 쪽을 박아 고정시킨다.

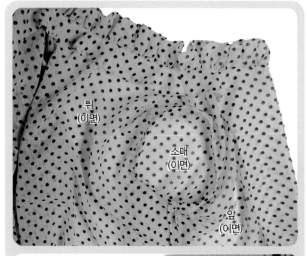

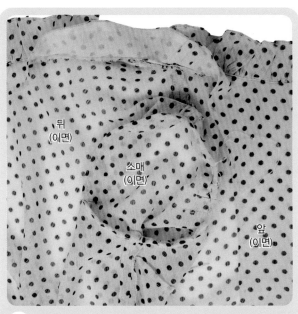

15 바이어스 천의 반대쪽 끝단을 소매의 시접 끝에 맞추어 한 번 접은 다음, 소매를 박음선에 맞추어 핀으로 고정시키고 0.3cm 폭으로 시침질한다.

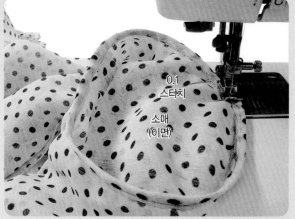

16 소매를 박음선에서 0.1cm 바이어스 천 쪽에 스티치한다.

10 밑단선을 처리한다.

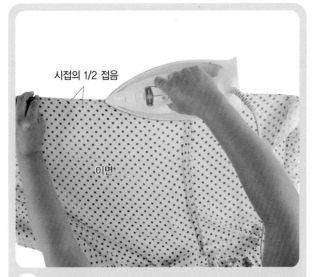

01 밑단선 시접을 1/2 분량만큼 이면 쪽으로 접어 다리미로 자리 잡아둔다.

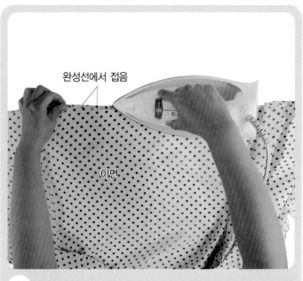

02 밑단선 시접을 완성선에서 이면 쪽으로 접어 다리미로 자리 잡아둔다.

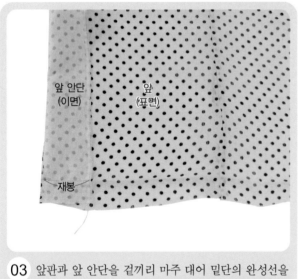

03 앞판과 앞 안단을 겉끼리 마주 대어 밑단의 완성선을 박는다.

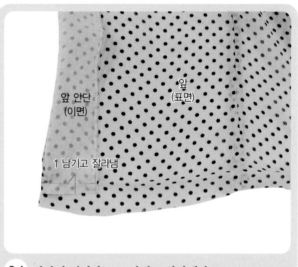

04 안단의 시접만 1cm 남기고 잘라낸다.

0.1 스티치

05 안단을 겉으로 뒤집은 다음, 1번과 2번에서 접어 다림질한 상태로 다시 접어 올리고 시접 끝에서 0.1cm에 스티치한다.

11 단추를 달아 완성한다.

01 앞 왼쪽에 단추를 달아 완성한다.

02 마무리 다림질은 23쪽의 경우와 동일하다.

드레이프 칼라 ✽ 셋인 긴소매 블라우스

Draped Collar · Set-in Wrist Length Sleeve Blouse

○ **실루엣**

　뒷부분은 라운드 넥이면서 뒤 중심 솔기선을 이용한 여밈으로 되어 있고, 앞 부분은 양옆 목점 쪽에서부터 양쪽 유두점 사이 쪽으로 드레이프가 잡히는, 여성스러우면서 세련된 느낌의 드레이프 칼라와 셋인 긴소매의 가슴다트만 넣은 스트레이트 실루엣의 블라우스이다.

○ **소재**

　실크나 화섬 등 얇고 부드러우며 드레이프성이 좋은 것들을 선택한다. 특히 프린트지나 밝은 색을 사용하면 디자인성을 더욱 살릴 수 있다.

○ **포인트**

　드레이프 칼라 만들어 다는 법, 솔기를 이용한 뒤 여밈의 처리법을 배운다.

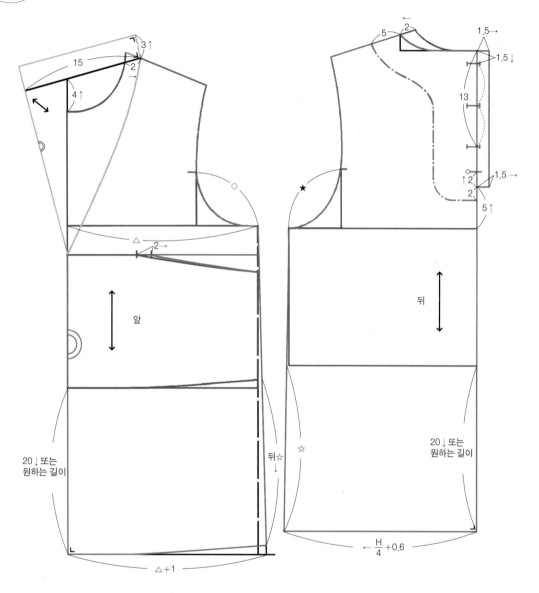

원형선	안내선	몸판 완성선	드레이프 칼라 완성선

15
3↑
2
4↑
△
2
앞
20↓ 또는
원하는 길이
뒤☆
☆
△+1

5
2
1.5→
1.5↓
13
1.5→
2↑
2
5↑
★
뒤
20↓ 또는
원하는 길이
$\frac{H}{4}+0.6$

소매 제도법

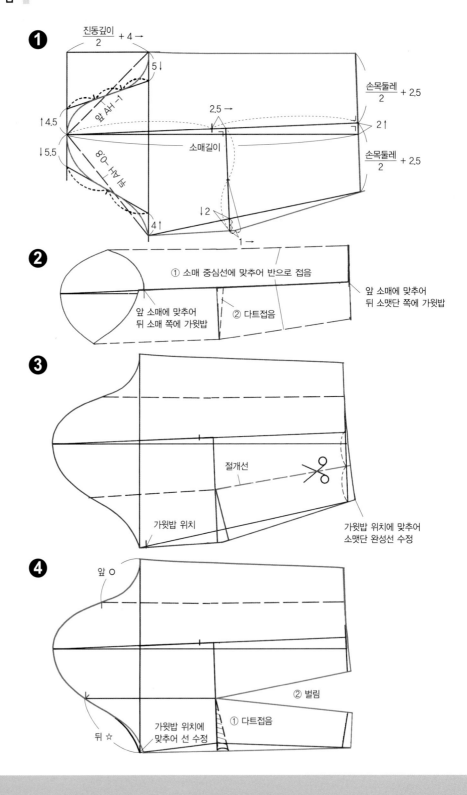

❶
진동깊이 / 2 + 4 →
5↓
앞 AH ¬
손목둘레 / 2 + 2.5
2.5 →
2↑
↑4.5
소매길이
↓5.5
뒤 AH ¬ 0.8
손목둘레 / 2 + 2.5
4↑
↓2
1 →

❷
① 소매 중심선에 맞추어 반으로 접음
앞 소매에 맞추어
뒤 소맷단 쪽에 가윗밥
앞 소매에 맞추어
뒤 소매 쪽에 가윗밥
② 다트접음

❸
절개선
가윗밥 위치
가윗밥 위치에 맞추어
소맷단 완성선 수정

❹
앞 ○
② 벌림
① 다트접음
가윗밥 위치에
맞추어 선 수정
뒤 ☆

재단법

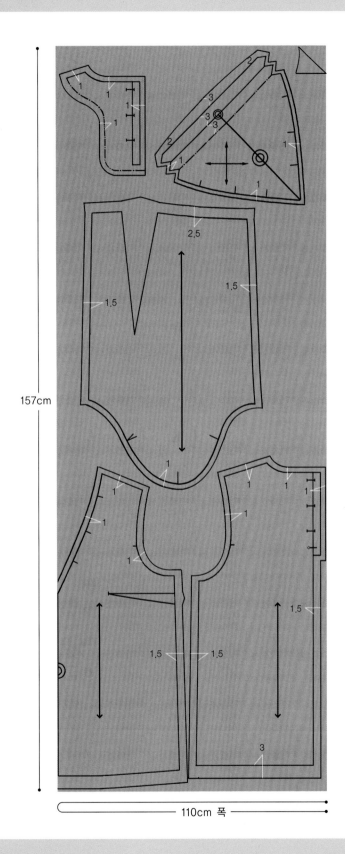

157cm

110cm 폭

봉제법

01 표시를 한다.

뒤 안단
(이면)

칼라
(이면)

앞
(이면)

뒤
(이면)

소매
(이면)

01 재단시 분필 초크로 그려
진 완성선 쪽이 위쪽으로
오게 하여 앞뒤 몸판과
뒤 안단, 소매, 드레이프
칼라의 완성선에 실표뜨
기로 표시를 한다.

02 접착심지와 접착테이프를 붙인다.

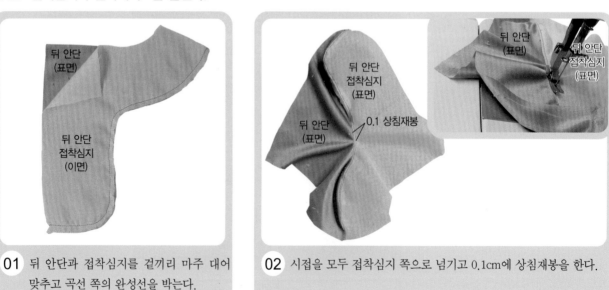

뒤 안단
(표면)

뒤 안단
접착심지
(이면)

뒤 안단
접착심지
(표면)

뒤 안단
(표면)

0.1 상침재봉

뒤 안단
(표면)

뒤 안단
접착심지
(표면)

01 뒤 안단과 접착심지를 겉끼리 마주 대어
맞추고 곡선 쪽의 완성선을 박는다.

02 시접을 모두 접착심지 쪽으로 넘기고 0.1cm에 상침재봉을 한다.

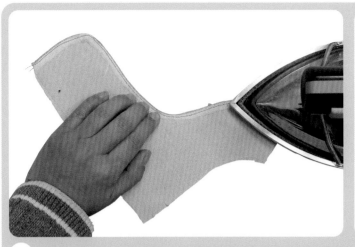

뒤 안단
접착심지
(표면)

03 시접을 0.5cm로 정리한 다음, 곡선 부분의 시접에 가윗밥을 넣고, 접착심지와 뒤 안단을 이면끼리 마주 대어 맞추고 박음선 쪽을 다리미 끝으로 접착시킨 다음, 전체를 접착시킨다.

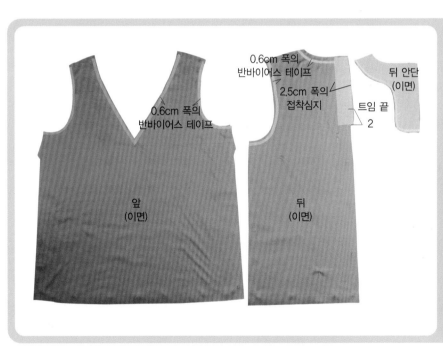

0.6cm 폭의
반바이어스 테이프

2.5cm 폭의
접착심지

뒤 안단
(이면)

트임 끝
2

0.6cm 폭의
반바이어스 테이프

앞
(이면)

뒤
(이면)

04 앞판과 뒤판의 네크라인, 진동 둘레선에 0.6cm 폭의 반바이어스 접착테이프를 붙이고, 뒤판의 여밈분에 2.5cm 폭의 접착심지를 트임 끝에서 2cm 여유 있게 붙인다.

03 앞판의 가슴다트를 박는다.

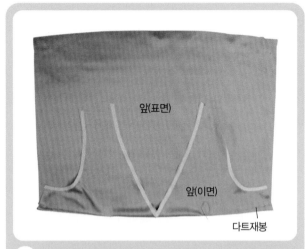

01 좌우 앞판의 가슴다트를 박은 다음, 실 끝을 조금 길게 남기고 잘라, 매듭을 짓고 실 두 올을 함께 바늘에 끼워 바늘땀에 4~5땀 정도 감침질하고 실 끝을 잘라 낸다.

02 시접을 어깨 쪽으로 넘겨 다림질한다.

04 앞판에 드레이프 칼라를 만들어 단다.

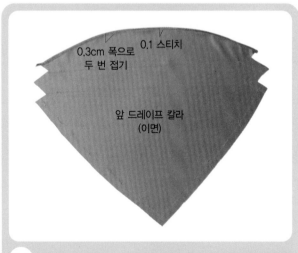

01 드레이프 칼라의 네크라인 쪽 안단의 시접을 0.3cm 폭으로 두 번 접어 시접 끝에서 0.1cm 폭으로 스티치한다.

02 안단을 이면 쪽으로 접어 양옆 네크라인 쪽을 핀으로 고정시킨다.

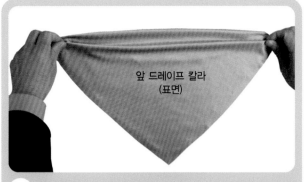

03 표면 쪽으로 뒤집어서 드레이프를 잡는다.

04 잡은 드레이프가 틀어지지 않도록 핀으로 고정시킨다.

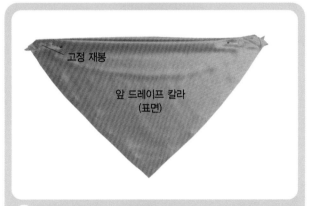

고정 재봉

앞 드레이프 칼라
(표면)

05 잡은 드레이프가 틀어지지 않도록 양옆 네크라인 쪽을 박아 고정시킨다.

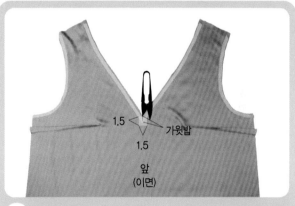

1.5

가윗밥

1.5

앞
(이면)

06 앞 몸판의 중심 쪽 네크라인 끝점에 1.5cm 폭의 직사각형으로 자른 접착심지를 붙이고 완성선까지 시접에 가윗밥을 넣는다.

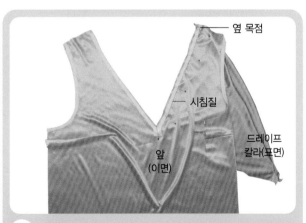

옆 목점

시침질

드레이프
칼라(표면)

앞
(이면)

07 드레이프 칼라의 오른쪽 옆 목점과 앞 오른쪽 옆 목점을 걸끼리 마주 대어 맞추고, 오른쪽 네크라인의 완성선에서 0.1cm 시접 쪽에 시침질로 고정시킨다.

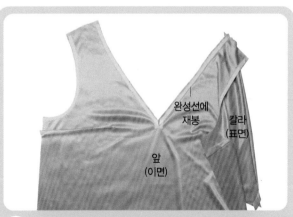

완성선에
재봉

칼라
(표면)

앞
(이면)

08 완성선을 박아 고정시킨다.

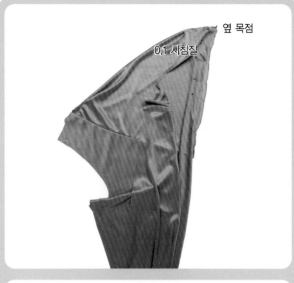

칼라
(표면)

앞 왼쪽 네크라인
(이면)

09 앞 왼쪽 네크라인과 드레이프 칼라 왼쪽의 옆 목점을
겉끼리 마주 대어 맞춘다.

옆 목점

0.1 시침질

완성선에 재봉

앞
(이면)

10 앞 왼쪽 네크라인의 완성선에서 0.1cm 시접 쪽에 시
침질로 고정시킨 다음 완성선을 박는다.

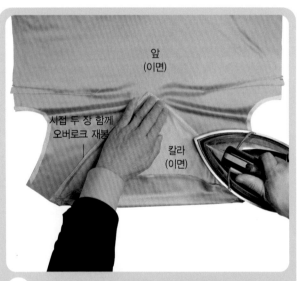

앞
(이면)

시접 두 장 함께
오버로크 재봉

칼라
(이면)

11 시접을 두 장 함께 오버로크 재봉한 다음, 시접을 몸
판 쪽으로 넘겨 다림질한다.

05 뒤 중심선을 박는다.

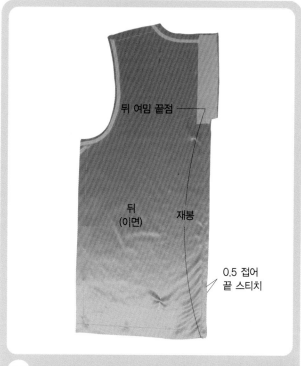

뒤 여밈 끝점

뒤
(이면)

재봉

0.5 접어
끝 스티치

01 좌우 뒤판을 겉끼리 마주 대어 뒤 여밈의 트임 끝점
에서 밑단선까지 완성선을 박은 다음, 좌우 시접을
각각 이면 쪽으로 0.5cm 접어 끝 스티치한다.

뒤 왼쪽만
잘라냄

뒤 왼쪽
(이면)

02 뒤 왼쪽만 몸판의 시접에 맞추어 잘라낸다.

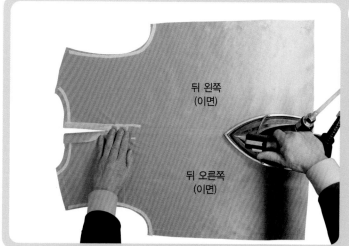

뒤 왼쪽
(이면)

뒤 오른쪽
(이면)

03 시접을 가른다.

06 좌우 뒤 여밈 안단을 연결한다.

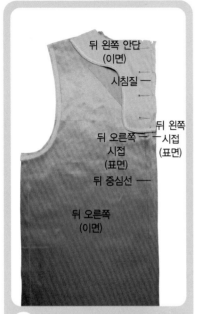

뒤 왼쪽 안단
(이면)

시침질 —

뒤 왼쪽
시접
(표면)

뒤 오른쪽
시접
(표면)

뒤 중심선 —

뒤 오른쪽
(이면)

01 뒤 왼쪽 시접 표면과 뒤 왼쪽 안단을 겉끼리 마주 대어 표시끼리 맞추어 핀으로 고정시키고, 완성선에서 0.1cm 시접 쪽에 시침질로 고정시킨다.

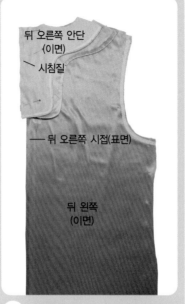

뒤 오른쪽 안단
(이면)

시침질

— 뒤 오른쪽 시접(표면)

뒤 왼쪽
(이면)

02 뒤 오른쪽 시접 표면과 뒤 오른쪽 안단을 겉끼리 마주 대어 표시끼리 맞추어 핀으로 고정시키고, 완성선에서 0.1cm 시접 쪽에 시침질로 고정시킨다.

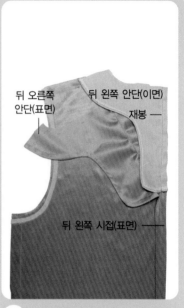

뒤 오른쪽
안단(표면)

뒤 왼쪽 안단(이면)

재봉 —

뒤 왼쪽 시접(표면) —

03 뒤 오른쪽을 젖히고, 뒤 왼쪽만 완성선을 박는다.

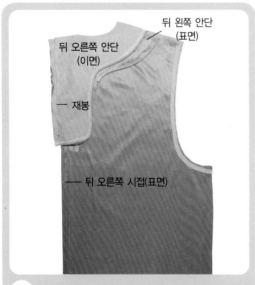

뒤 왼쪽 안단
(표면)

뒤 오른쪽 안단
(이면)

— 재봉

— 뒤 오른쪽 시접(표면)

04 뒤 왼쪽을 젖히고 뒤 오른쪽만 완성선을 박는다.

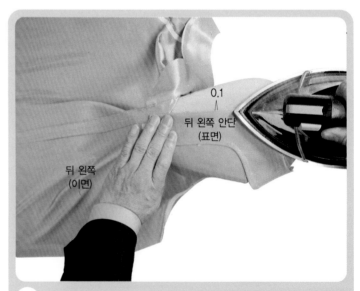

0.1

뒤 왼쪽 안단
(표면)

뒤 왼쪽
(이면)

05 뒤 왼쪽 안단을 0.1cm 안쪽으로 밀어 다림질한다.

06 뒤 오른쪽 몸판의 뒤 중심 시접에만 트임 끝 위치에서 1cm 내려간 곳에 가윗밥을 넣는다.

07 뒤 왼쪽 안단의 뒤 중심선에 뒤 오른쪽 안단의 뒤 중심선을 맞추어 겹쳐 얹고 다림질 한다.

07 어깨선을 박는다.

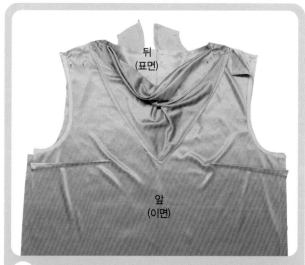

01 앞판과 뒤판을 겉끼리 마주 대어 어깨선의 표시끼리 맞추어 핀으로 고정시킨다.

02 어깨선을 박고, 시접을 두 장 함께 오버로크 재봉을 한다.

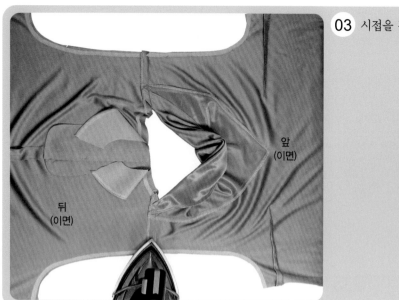

03 시접을 뒤판 쪽으로 넘긴다.

08 뒤 네크라인을 처리한다.

— 시침질

뒤 오른쪽
안단(이면)

뒤 왼쪽
안단(이면)

뒤 오른쪽
(이면)

뒤 왼쪽
(이면)

01 좌우 뒤 몸판과 좌우 뒤 안단을 각각 겉끼리 마주 대
어 안단의 어깨선 쪽 시접을 어깨선에 맞추어 접고 뒤
네크라인의 표시끼리 맞추어 핀으로 고정시킨 다음,
완성선에서 0.1cm 시접 쪽에 시침질로 고정시킨다.

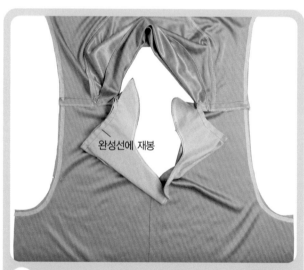

완성선에 재봉

02 뒤 네크라인의 완성선을 박는다.

03 시접을 0.5cm로 정리한다.

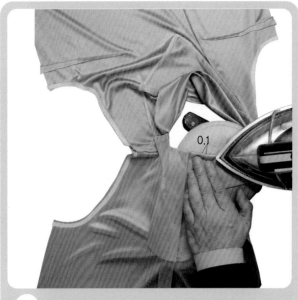

0.1

04 뒤 안단을 겉으로 뒤집어 네크라인을 0.1cm 안쪽으로 밀어 다림질한다.

09 옆선을 박는다.

뒤
(표면)

앞
(이면)

—— 재봉

01 앞판과 뒤판을 겉끼리 마주 대어 옆선의 표시끼리 맞추고 옆선의 완성선을 박는다.

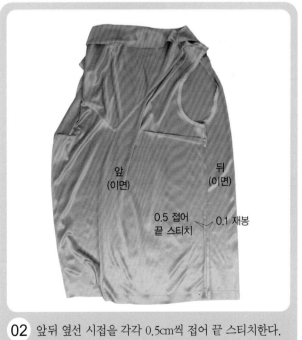

앞
(이면)

뒤
(이면)

0.5 접어
끝 스티치

0.1 재봉

02 앞뒤 옆선 시접을 각각 0.5cm씩 접어 끝 스티치한다.

03 시접을 가른다.

10 밑단선을 처리한다.

01 밑단선 시접을 1cm 이면 쪽으로 접는다.

02 밑단선 시접을 완성선에서 이면 쪽으로 접는다.

03 밑단선 시접을 시침질로 고정시킨다.

04 시접 끝에서 0.1cm에 스티치한다.

11 소매를 만들어 단다.

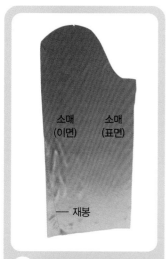

01 앞뒤 소매를 겉끼리 마
주 대어 소맷단 쪽 다트
를 박는다.

02 시접을 뒤 소매 쪽으로
넘긴다.

03 소맷단선 시접을 이면 쪽으로 1cm 접는다.

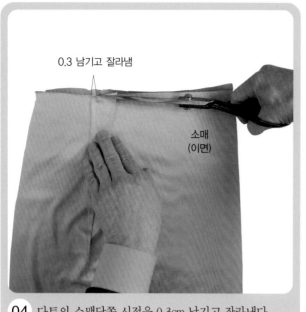

0.3 남기고 잘라냄

소매
(이면)

04 다트의 소맷단쪽 시접을 0.3cm 남기고 잘라낸다.

완성선에서 접음

소매
(이면)

05 소맷단 시접을 완성선에서 이면 쪽으로 접는다.

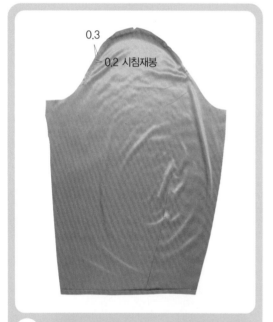

0.3

0.2 시침재봉

06 소매산의 완성선에서 0.2cm 시접 쪽에 시침 재봉을 한 다음, 그곳에서 다시 0.3cm 시접 쪽으로 나가 다시 한 줄 시침재봉을 한다.

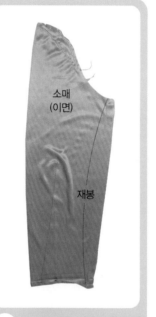

소매
(이면)

재봉

07 소맷단 쪽의 시접을 펴고 앞뒤 소매밑선을 겉끼리 마주 대어 표시끼리 맞추 고 완성선을 박는다.

0.3 접어
끝 스티치

08 앞뒤 소매밑선의 시접을 각각 0.3cm 접어 끝 스티 치한다.

09 시접을 가른다.

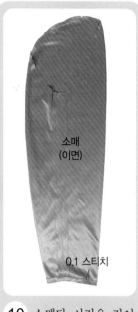

소매
(이면)

0.1 스티치

10 소맷단 시접을 접어
올려 0.1cm에 스티치
한다.

11 소매산에 시침재봉한 윗실 두 올을 함께 당겨 소
매산을 오그린다.

12 오그린 소매산을 프레스 볼에 끼워 다리미로 자리
잡아둔다.

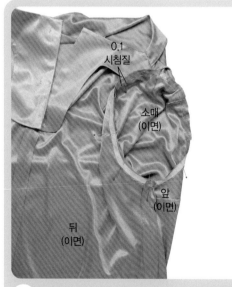

0.1
시침질

소매
(이면)

앞
(이면)

뒤
(이면)

13 몸판의 어깨끝점과 소매산점을 겉끼리 마주 대어 표
시끼리 맞추고 핀으로 고정시킨 다음, 앞뒤 소매맞춤
표시, 겨드랑 밑쪽 몸판의 옆선과 소매밑선을 표시끼
리 맞추어 각각 핀으로 고정시키고, 그 중간 중간에
도 핀으로 고정시킨 다음, 완성선에서 0.1cm 시접 쪽
에 시침질로 고정시킨다.

완성선에 재봉

14 소매 쪽이 위로 오게 하여 완성선을 박는다.

두 장 함께
오버로크 재봉

15 시접을 두 장 함께 오버로크 재봉을 한다.

16 뒤 안단의 어깨선을 몸판의 어깨선을 박은 바늘땀에 감침질로 고정시킨다.

12 단춧구멍을 만들고 단추를 달아 완성한다.

01 뒤 왼쪽에 단춧구멍을 만들고 뒤 오른쪽에 단추를 달아 완성한다.

보트 네크라인 ✷ 프렌치 소매 블라우스

Boat Neck-Line · French Sleeve Blouse

○ *실루엣*

소매 달림선이 없이 어깨끝점에서 조금 팔을 감싸는 정도의 소매분이 몸판에 추가되는 프렌치 소매와 옆 목점 쪽이 어깨선 쪽으로 넓게 파이면서 자연스러운 타원형의 곡선을 형성하는 보우트 네크라인의 박스 실루엣 블라우스이다. 뒤쪽은 솔기선이 없이 슬래시 여밈으로 하여 탈착이 쉽도록 되어 있다.

○ *소재*

착용 목적에 따라 다르나 실크, 화섬의 조젯, 새틴, 자카드, 도비 직물 등 무늬가 들어가 있는 것은 세련돼 보이면서 고급스러운 느낌을, 면 소재나 얇은 울 소재의 경우는 시원해 보이면서 활동적인 느낌을 준다.

○ *포인트*

솔기선 없이 슬래시 여밈을 처리하는 법, 프렌치 소매 처리법을 배운다.

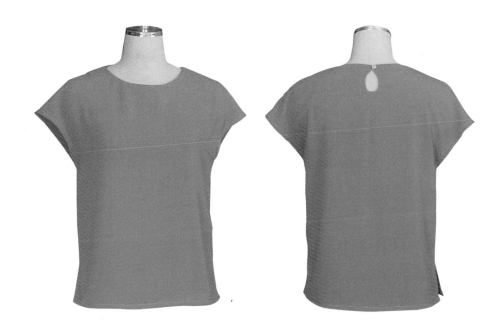

제도법

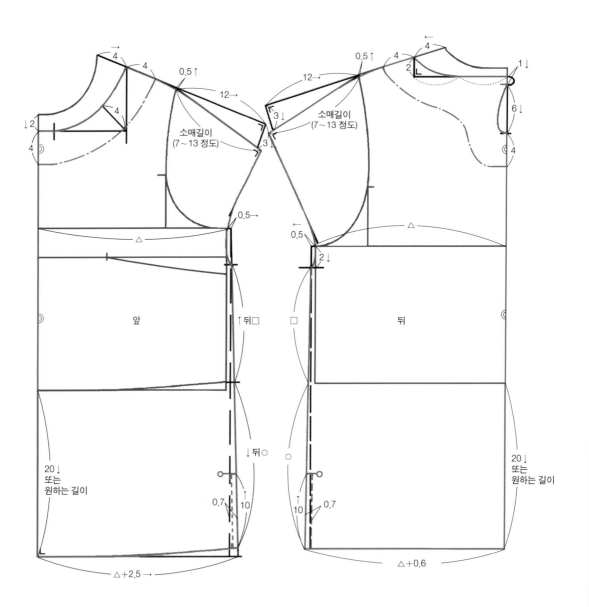

4→

4   4   0.5↑   12→

↓2   4   4   소매길이
(7~13 정도)

4   0.5↑   4   4   1↓

12→   소매길이
(7~13 정도)   2   6↓

3   3   4

0.5→

△   0.5   2↓   △

앞   ↑뒤□   □   뒤

↓뒤○   ○

20↓
또는
원하는 길이   0.7   ↑10   ↑10   0.7   20↓
또는
원하는 길이

△+2.5→   △+0.6

━ 원형선   ━ 안내선   ━ 완성선

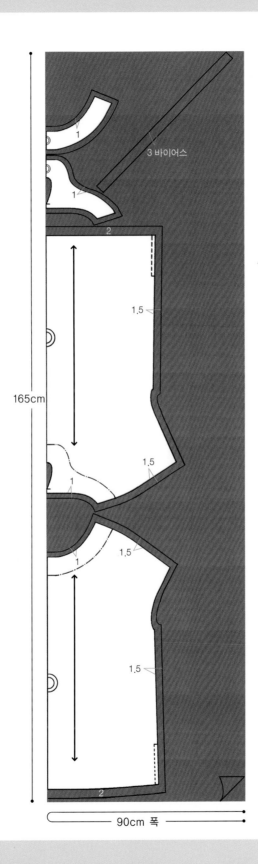

3 바이어스

165cm

1

1

2

1.5

1.5

1

1

1.5

1.5

2

90cm 폭

봉제법 How to make

01 표시를 한다.

01 재단시 앞뒤 몸판과 앞뒤 안단의 완성선에 초크로 표시된 완성선을 따라 실표뜨기로 표시를 한다.

02 앞뒤 옆선에 오버로크 재봉을 하고 시접을 처리해 둔다.

01 앞뒤 양 옆선에 각각 겉쪽에서 오버로크 재봉을 한다.

02 앞뒤 모두 시접을 0.5cm 이면 쪽으로 접어 스티치한다.

03 앞뒤 안단에 접착심지를 붙이고 앞뒤 몸판의 네크라인에 접착테이프를 붙인다.

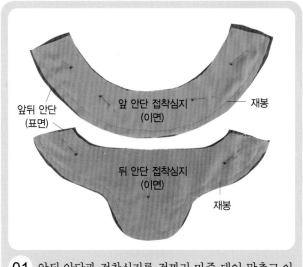

01 앞뒤 안단과 접착심지를 겉끼리 마주 대어 맞추고 아래쪽의 완성선을 박는다.

앞뒤 안단
(표면)

앞 안단 접착심지
(이면)

뒤 안단 접착심지
(이면)

재봉

재봉

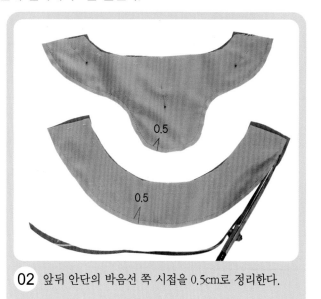

0.5

0.5

02 앞뒤 안단의 박음선 쪽 시접을 0.5cm로 정리한다.

앞 안단(이면)

앞 안단 접착심지(이면)

0.1 상침재봉

앞 안단
(표면)

앞 안단
접착심지
(표면)

03 앞뒤 안단의 시접을 모두 접착심지 쪽으로 넘기고 0.1cm에 상침재봉을 한다.

04 뒤 안단의 오목하게 들어간 곡선 부분 시접에 약 1cm 간격으로 가윗밥을 넣는다.

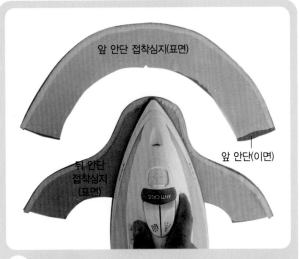

05 접착심지와 앞뒤 안단을 이면끼리 마주 대어 맞추고 박음선 쪽을 다리미 끝으로 접착시킨 다음, 전체를 접착시킨다.

06 앞판과 뒤판의 네크라인 완성선을 따라 0.6cm 폭의 반바이어스 접착테이프를 붙인다.

04 어깨선을 처리한다.

01 앞판과 뒤판을 이면끼리 마주 대어 어깨선의 맞춤 표시끼리 맞추어 핀으로 고정시킨다.

02 시접 끝에서 0.5cm 들어와 박는다.

03 시접을 가른다.

04 앞판과 뒤판을 겉끼리 마주 대어 어깨선의 맞춤 표시끼리 맞추어 완성선을 박는다.

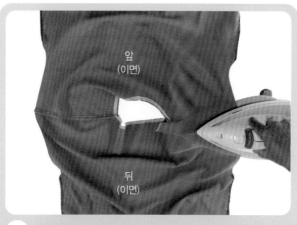

05 통솔시접을 뒤판 쪽으로 넘긴다.

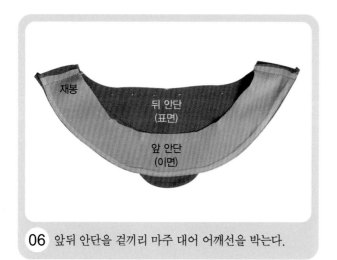

06 앞뒤 안단을 겉끼리 마주 대어 어깨선을 박는다.

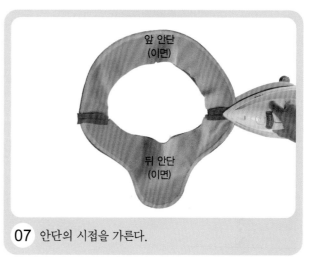

07 안단의 시접을 가른다.

05 뒤 안단에 단추 고리를 만들어 달고 몸판과 연결한다.

01 1cm 폭으로 자른 바이어스 천을 겉끼리 마주 대어 0.3cm 폭으로 박은 다음, 뒤집어 단추 고리를 만든다(125쪽의 6, 7번 참조).

02 뒤 안단의 뒤 중심선 왼쪽 표면의 단추 고리 다는 위치에 단추의 직경+0.3cm 크기에 맞추어 얹고 뒤 중심선을 박아 고정시킨다.

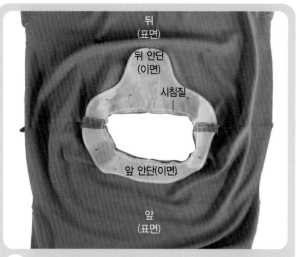

03 몸판의 표면 위에 안단의 표면을 마주 대어 얹고 앞 목점, 옆 목점, 뒤 목점의 표시끼리 맞춘 다음, 그 중간 중간에도 핀으로 고정시키고, 완성선에서 0.1cm 시접 쪽에 시침질로 고정시킨다.

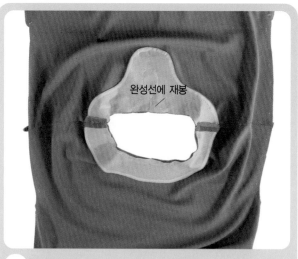

04 완성선을 박는다.

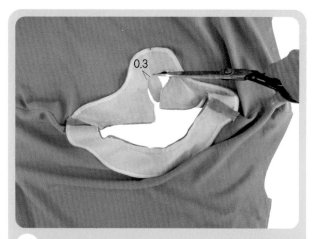

05 뒤 목점 쪽에서 뒤 중심선을 따라 몸판과 안단을 함께 자른 다음, 뒤판 쪽의 곡선은 시접을 0.3cm 남기고 오려낸다.

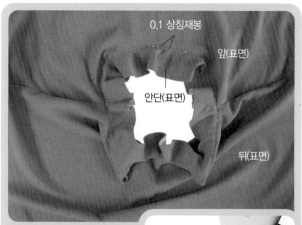

06 시접을 모두 안단 쪽으로 넘겨 0.1cm에 (뒤 중심 쪽의 모서리 부분은 상침재봉하지 않고 건너 뜬다) 박을 수 있는 곳까지만 상침재봉을 한다.

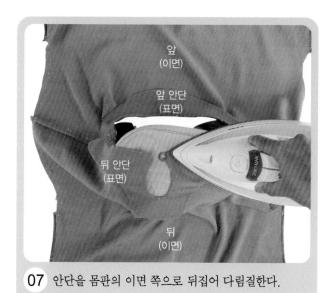

앞
(이면)

앞 안단
(표면)

뒤 안단
(표면)

뒤
(이면)

07 안단을 몸판의 이면 쪽으로 뒤집어 다림질한다.

08 안단의 어깨선 시접을 몸판의 어깨선 시접에 감침질로 고정시킨다.

06 소맷단을 바이어스 천으로 처리한다.

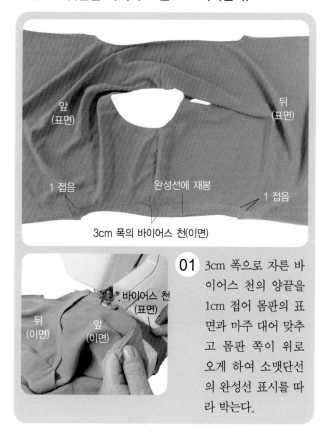

앞
(표면)

뒤
(표면)

1 접음

완성선에 재봉

1 접음

3cm 폭의 바이어스 천(이면)

바이어스 천
(표면)

뒤
(이면)

앞
(이면)

01 3cm 폭으로 자른 바이어스 천의 양끝을 1cm 접어 몸판의 표면과 마주 대어 맞추고 몸판 쪽이 위로 오게 하여 소맷단선의 완성선 표시를 따라 박는다.

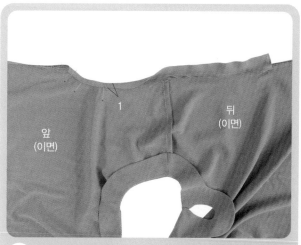

앞
(이면)

1

뒤
(이면)

02 몸판과 바이어스 천의 시접을 모두 몸판 쪽으로 넘기면서 반대쪽 바이어스 천으로 시접을 감싸 핀으로 고정시킨다(이때 감싼 바이어스 천의 폭은 1cm가 된다).

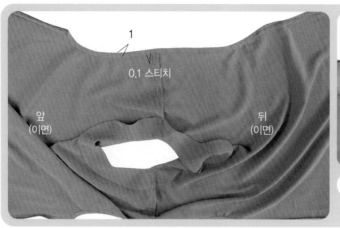

1

0.1 스티치

앞
(이면)

뒤
(이면)

03 바이어스 천의 단 끝에서 0.1cm 폭으로 스
티치한다.

07 옆선을 박는다.

뒤
(표면)

앞
(이면)

01 앞판과 뒤판을 겉끼리 마주 대어 옆선의 표시끼리 맞
추어 핀으로 고정시킨다.

완성선에 재봉

02 옆선의 완성선을 트임 끝 위치까지만 박는다.

03 시접을 가른다.

08 밑단선과 양옆 트임을 처리한다.

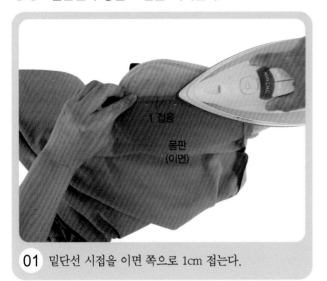

1 접음

몸판
(이면)

01 밑단선 시접을 이면 쪽으로 1cm 접는다.

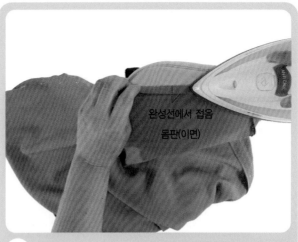

완성선에서 접음

몸판(이면)

02 밑단선 시접을 완성선에서 이면 쪽으로 접는다.

스티치 하는 순서

③ 트임 끝
↓ 0.7
④
0.7 ②
↑
0.1
① ←
되박음질 0.7 0.7

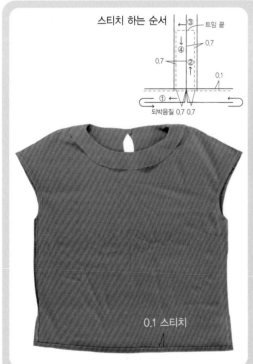

0.1 스티치

0.1 스티치

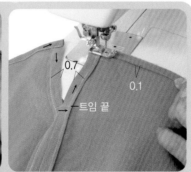

0.7

0.1

트임 끝

03 옆선의 트임 쪽에서부터 밑단선 시접 끝에서 0.1cm 폭으로 박기 시작하여 반대쪽 트임의 밑단선까지 박으면 0.7cm 되돌려 박고, 노루발을 들어 옆선 쪽으로 방향을 바꾸어 0.7cm 폭으로 트임 끝 위치까지 박은 다음, 다시 노루발을 들어 수평으로 1.4cm 박고, 다시 노루발을 들어 밑단선 쪽으로 방향을 바꾸어 0.7cm 폭으로 밑단선 쪽의 시접 단에서 0.1cm 내려간 곳까지 박고, 다시 노루발을 들어 방향을 밑단선 쪽으로 바꾼 다음, 0.7cm 되박음질로 박아 끝낸다.

09 단추를 단다.

01 뒤 오른쪽에 단추를 달아 완성한다.

10 마무리 다림질을 한다.

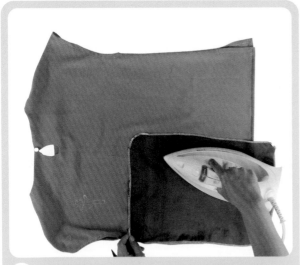

01 몸판은 편편한 다리미판 위에서 다림질 천을 얹고 스팀 다림질한다.

02 어깨선은 곡선에 변형이 생기지 않도록 프레스 볼에 얹어 다림질 천을 얹고 스팀 다림질한다.

오픈 칼라 ✽
윙드 커프스 슬리브 블라우스

Open Collar · Winged Cuffs Sleeve Blouse

○ 실루엣

위 칼라와 몸판에 연결된 라펠로 이루어지면서 칼라와 라펠의 끝이 갈라지는 오픈 칼라, 접어 올린 커프스의 양 옆단이 새의 날개처럼 바깥쪽을 향해 뾰족하게 올라간 폭이 넓은 형의 커프스가 특징인 박스 실루엣의 블라우스이다.

○ 소재

실크나 얇고 부드러운 화섬 종류의 소재를 사용하면 고급스러우면서 여성적인 느낌을 주고, 면이나 마, 얇은 울 소재라면 셔츠 같은 활동적인 느낌을 준다.

○ 포인트

오픈 칼라 만드는 법, 주머니 입구를 덧단으로 처리하는 법, 윙드 커프스 만드는 법을 배운다.

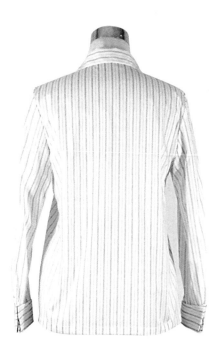

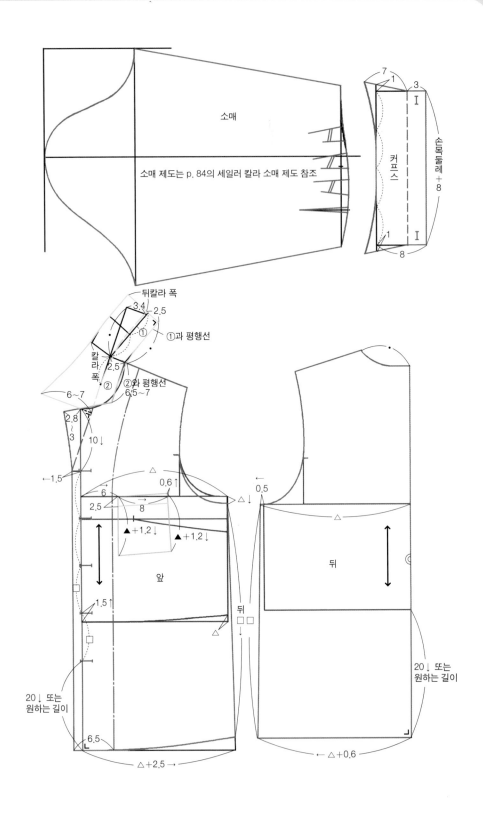

제도법

소매

소매 제도는 p. 84의 세일러 칼라 소매 제도 참조

커프스

손목둘레+8

7 1 3

1

8

뒤칼라 폭

3.4 2.5

①

①과 평행선

칼라 폭

2.5

②

②와 평행선
6.5~7

6~7

2.8~3

10↓

←1.5

6

2.5

8

0.6↑

▲+1.2↓

▲+1.2↓

앞

1.5↑

뒤
□□

0.5

←

뒤

20↓ 또는
원하는 길이

20↓ 또는
원하는 길이

6.5

△+2.5 →

← △+0.6

원형선

안내선

완성선

칼라와
주머니
완성선

재단법

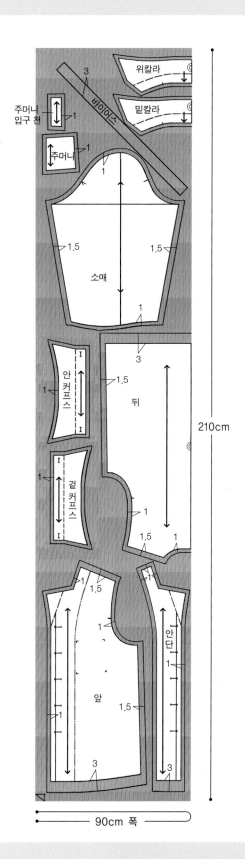

위칼라

밑칼라

주머니
입구 천

바이어스

3

주머니

1

1

1.5

1.5

소매

1

3

안
커프스

1.5

뒤

1

겉
커프스

1

1.5

1

210cm

1.5

1

1

1.5

안
단

1

앞

1.5

1

3

3

90cm 폭

01   표시를 한다.

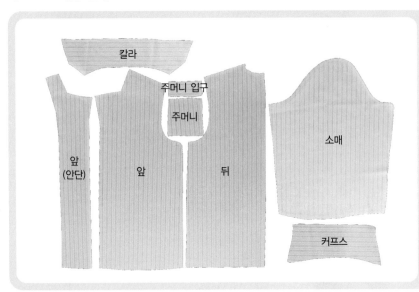

칼라

주머니 입구

주머니

소매

앞
(안단)

앞

뒤

커프스

01 재단시 앞 안단, 앞뒤 몸판, 칼라, 소매, 윙드 커프스, 주머니 천과 주머니 입구 천의 한쪽 면 완성선에 초크로 표시된 완성선을 따라 반대쪽 면에도 표시가 되도록 실표뜨기로 표시를 한다.

02   접착심지를 붙인다.

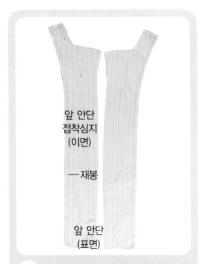

앞 안단
접착심지
(이면)

— 재봉

앞 안단
(표면)

01 앞 안단과 앞 안단의 접착심지를 겉끼리 마주 대어 안단의 곡선 쪽과 어깨선을 박는다.

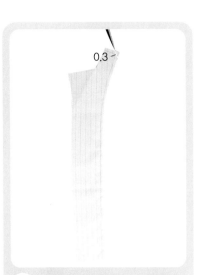

0.3

02 어깨선 쪽의 모서리 시접을 0.3cm 남기고 삼각으로 잘라낸다.

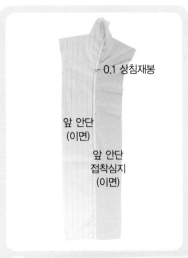

— 0.1 상침재봉

앞 안단
(이면)

앞 안단
접착심지
(이면)

03 시접을 모두 접착심지 쪽으로 넘기고 완성선에서 0.1cm 접착심지 쪽에 상침재봉을 한다.

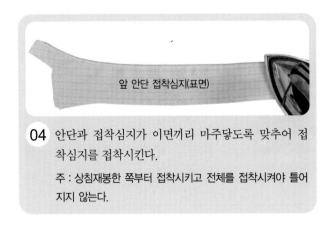

04 안단과 접착심지가 이면끼리 마주닿도록 맞추어 접착심지를 접착시킨다.

주 : 상침재봉한 쪽부터 접착시키고 전체를 접착시켜야 틀어지지 않는다.

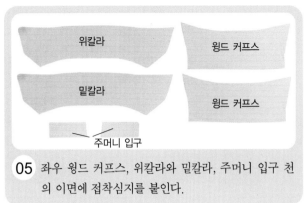

위칼라

윙드 커프스

밑칼라

윙드 커프스

주머니 입구

05 좌우 윙드 커프스, 위칼라와 밑칼라, 주머니 입구 천의 이면에 접착심지를 붙인다.

03 앞 몸판에 주머니를 만들어 단다.

0.1 시침질
완성선
주머니 입구 천(이면)
주머니 천(이면)

01 주머니 천의 이면과 주머니 입구 천을 표면끼리 마주 대어 주머니 입구 쪽의 표시에 맞추어 핀으로 고정시키고 완성선에서 0.1cm 시접 쪽에 시침질한다.

완성선에 재봉
(이면)
주머니 천(이면)

02 주머니 입구의 완성선을 박아준다.

주머니 천 시접 (이면)
주머니 천(표면)

03 2번에서 박은 상태를 그대로 주머니 천의 이면 쪽이 위로 오도록 놓고 시접을 가른다.

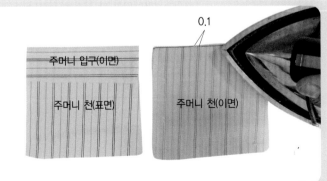

0.1
주머니 입구(이면)
주머니 천(표면)
주머니 천(이면)

04 주머니 입구 쪽에서 주머니 천 쪽을 0.1cm 내려 밀고 다림질한다.

05 주머니 입구 천의 아래쪽 시접을 이면 쪽으로 1cm 접는다.

06 주머니 입구 천을 주머니 천의 표면 쪽으로 넘겨 핀으로 고정시킨다.

07 주머니 입구 천의 아래쪽 접은 선에서 0.1cm 폭으로 스티치한다.

08 겉쪽에서 주머니 입구를 제외하고 주머니 주위에 오버로크 재봉을 한다.

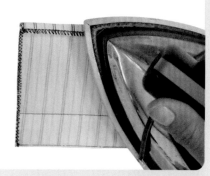

09 주머니의 아래쪽 시접을 접는다.

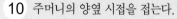

10 주머니의 양옆 시접을 접는다.

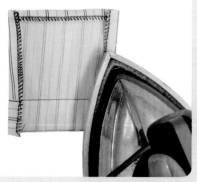

11 앞 몸판의 표면 위에 주머니의 이면을 마주 대어 주머니 다는 위치의 표시에 맞추고 핀으로 고정시킨다(초보자의 경우에는 시침질로 고정시키는 것이 좋다).

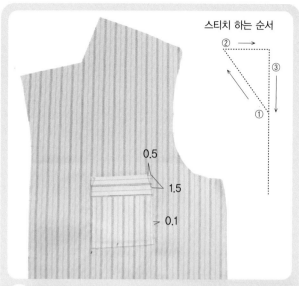

스티치 하는 순서

0.5
1.5
0.1

12 되박음질을 하지 않고, 주머니 주위를 스티치 하는 순서에 따라 주머니 입구에서 2.5cm 내려온 곳에서 0.1cm에 바늘을 꽂고, 주머니 입구를 향해 0.5cm 들어간 쪽으로 스티치한 다음, 노루발을 들어 방향을 바꾸고 0.1cm 폭으로 주머니 옆쪽의 0.1cm 전까지 스티치한 다음, 다시 노루발을 들어 방향을 바꾼 다음 반대쪽 주머니 입구까지 0.1cm 폭으로 스티치하고, 주머니 입구쪽에서 노루발을 들어 방향을 바꾼 다음 0.5cm 스티치하고, 다시 노루발을 들어 방향을 바꾸어 삼각으로 2.5cm 내려온 곳까지 박으면 실을 조금 길게 남기고 잘라낸다.

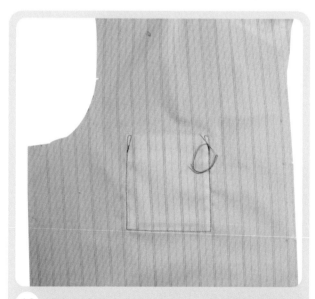

13 이면 쪽에서 밑실을 당겨 윗실을 빼내고 밑실과 묶은 다음, 실 두 올을 함께 바늘에 끼워 바늘땀에 3~4땀 감치고 실 끝을 잘라낸다.

04 어깨선을 박는다.

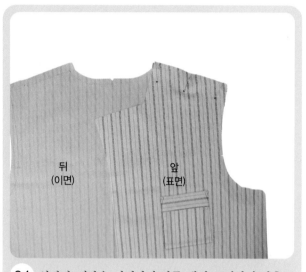

01 앞판과 뒤판을 이면끼리 마주 대어 표시끼리 맞추고 핀으로 고정시킨다.

0.5 재봉

02 어깨선의 시접 끝에서 0.5cm 폭으로 어깨선을 박는다.

03 시접을 가른다.

04 이면 쪽으로 뒤집어 어깨선의 완성선 표시끼리 맞추어 핀으로 고정시킨다.

05 어깨 완성선을 박는다.

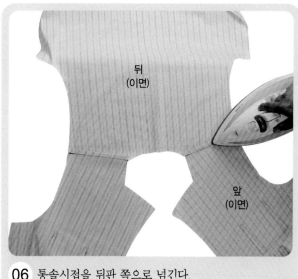

06 통솔시접을 뒤판 쪽으로 넘긴다.

05 몸판에 밑칼라를 단다.

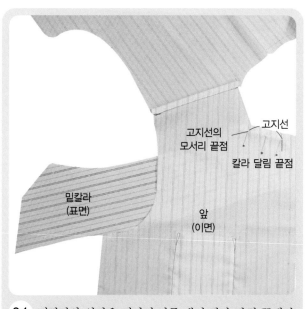

01 밑칼라와 앞판을 겉끼리 마주 대어 칼라 달림 끝에서
부터 고지선의 표시끼리 맞추고 완성선에서 0.1cm
시접 쪽에 시침질한다.

02 좌우 모두 칼라 달림 끝에서 고지선 끝점인 모서리까
지 완성선을 박는다.

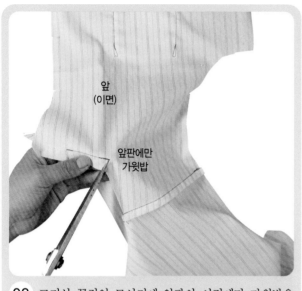

03 고지선 끝점인 모서리에 앞판의 시접에만 가윗밥을 넣는다.

주 : 칼라시접까지 함께 자르지 않도록 주의한다.

밑칼라(표면)

앞
(이면)

시침질

앞
(이면)

뒤
(이면)

04 남은 부분의 옆 목점, 뒤 목점의 표시끼리 맞추어 핀으로 고정시키고, 완성선에서 0.1cm 시접 쪽에 시침질한다.

재봉

05 완성선을 박는다.

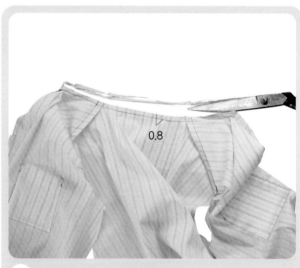

0.8

06 시접을 0.8cm로 정리한다.

07 뒤 몸판의 목둘레 시접이 당겨지지 않도록 가윗밥을 넣는다.

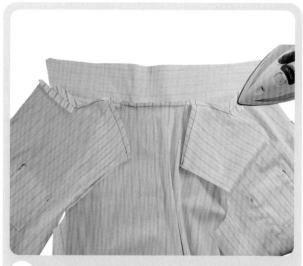

08 고지선의 시접을 가른다.

06 앞 안단에 위칼라를 단다.

01 위칼라와 앞 안단을 겉끼리 마주 대어 칼라 달림 끝에서부터 고지선의 표시끼리 맞추고, 완성선에서 0.1cm 시접 쪽에 시침질한다.

02 칼라 달림 끝에서 고지선 끝점인 모서리까지 완성선을 박는다.

03 고지선 끝점인 모서리에 앞 안단시접에만 가윗밥을 넣는다.

주 : 칼라시접까지 함께 자르지 않도록 주의한다.

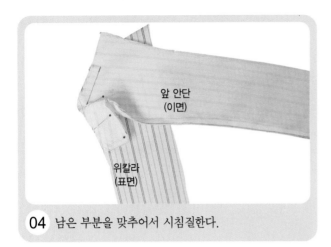

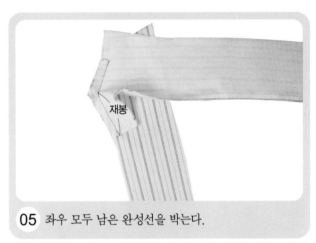

앞 안단
(이면)

위칼라
(표면)

재봉

04 남은 부분을 맞추어서 시침질한다.

05 좌우 모두 남은 완성선을 박는다.

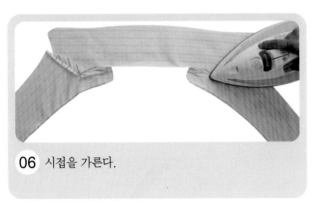

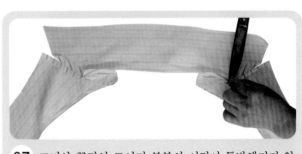

06 시접을 가른다.

07 고지선 끝점인 모서리 부분의 시접이 투박해지지 않도록 칼라시접을 삼각으로 잘라낸다.

07 고지선 끝점의 네 곳을 고정시킨다.

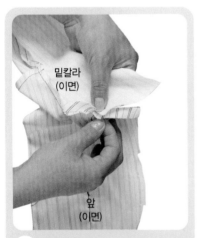

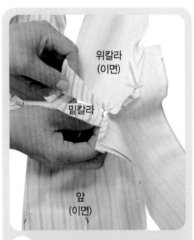

밑칼라
(이면)

앞
(이면)

위칼라
(이면)

밑칼라

앞
(이면)

앞 안단
(이면)

위칼라

01 재봉사 두 올로 매듭을 짓지 말고 앞판의 칼라 달림 끝 위치에서 밑칼라의 칼라 달림 끝 위치로 바늘을 빼낸다.

02 밑칼라의 칼라 달림 끝에서 바늘 굵기 정도의 작은 바늘땀으로 떠서, 바늘을 위칼라의 칼라 달림 끝 위치로 빼낸다.

03 2번과 같은 방법으로 다시 바늘을 앞 안단의 칼라 달림 끝 위치로 빼낸다.

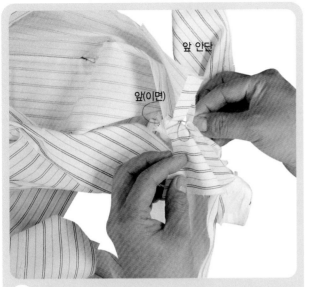

앞 안단

앞(이면)

04 다시 바늘을 처음 시작한 곳인 앞판의 칼라 달림 끝 위치로 빼낸다.

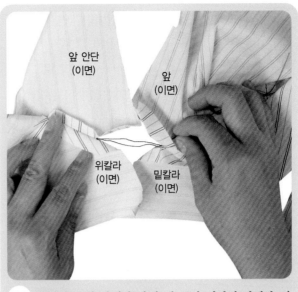

앞 안단
(이면)

앞
(이면)

위칼라
(이면)

밑칼라
(이면)

05 벌려서 보면 사진과 같이 네 곳이 연결된 상태가 되어야 한다.

앞(이면)

06 실을 당겨 매듭을 짓는다.

07 실 끝을 1cm 정도 남기고 잘라낸다.

08 앞판과 앞 안단, 위칼라와 밑칼라를 연결한다.

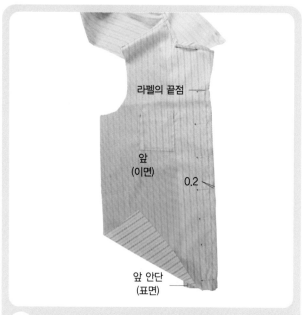

01 좌우 모두 라펠의 꺾임점에서 앞 몸판 쪽 시접 단 끝을 앞 안단의 시접 단 끝에서 0.2cm 안쪽으로 밀어 핀으로 고정시키고 앞 몸판의 완성선에 시침질한다.

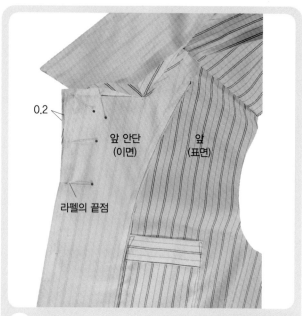

02 좌우 모두 라펠의 꺾임점에서부터는 안단 쪽을 0.2cm 밀어 핀으로 고정시키고, 안단의 완성선에 시침질한다.

03 위칼라 쪽의 시접 단 끝을 밑칼라의 시접 단 끝에서 0.2cm 안쪽으로 밀어 핀으로 고정시키고, 위칼라의 완성선에 시침질한다.

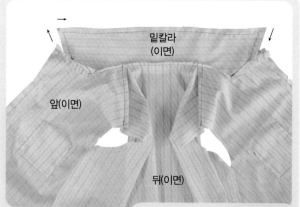

04 오른쪽의 칼라 달림 끝점에서부터 밑칼라의 완성선을 박기 시작하여 왼쪽의 칼라 달림 끝점까지 박는다.

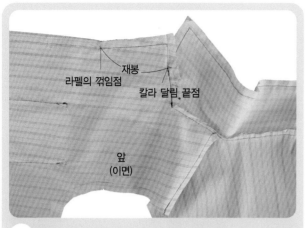

05 칼라 달림 끝점에서 라펠의 꺾임점까지 앞판의 완성 선을 박는다.

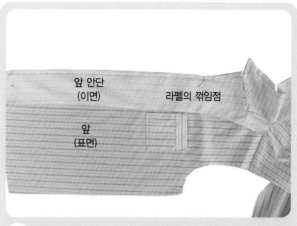

06 라펠의 꺾임점에서 밑단선까지는 안단의 완성선을 박는다.

07 라펠의 꺾임점 위치의 시접을 두 장 함께 가윗밥을 넣는다.

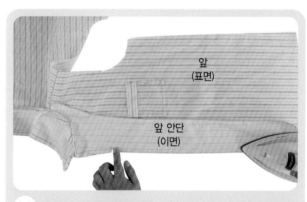

08 라펠의 꺾임점에서 밑단선 쪽까지는 앞 안단이 위로 오게 하여 시접을 가른다.

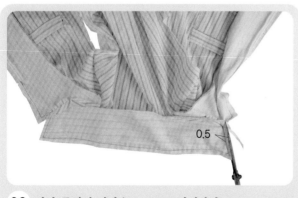

09 칼라 주위의 시접을 0.5cm로 정리한다.

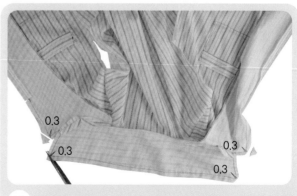

10 칼라의 모서리 시접을 박음선에서 0.3cm 남기고 삼 각으로 잘라낸다.

11 라펠의 꺾임점에서 칼라 달림 끝점까지의 시접을 가른다.

12 칼라의 시접을 가른다.

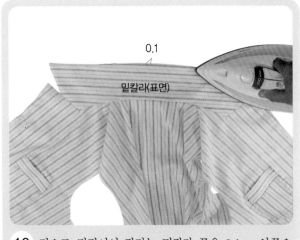

13 겉으로 뒤집어서 칼라는 밑칼라 쪽을 0.1cm 안쪽으로 밀어 다림질한다.

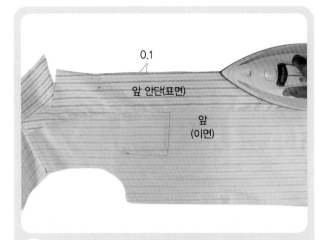

14 칼라 달림 끝점에서 라펠의 꺾임점까지는 앞판 쪽을 0.1cm 안쪽으로 밀어 다림질하고, 라펠의 꺾임점에서 밑단선까지는 안단 쪽을 0.1cm 안쪽으로 밀어 다림질한다.

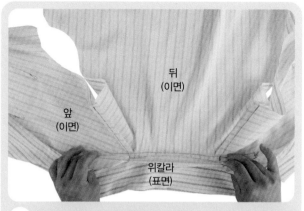

15 오른쪽 고지선 끝점인 모서리에서 왼쪽 고지선 끝점인 모서리까지의 시접을 모두 칼라 쪽으로 넘긴다.

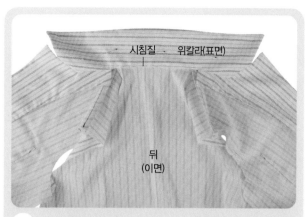

16 위칼라에 여유분을 넣고, 위칼라의 시접을 칼라 쪽으로 접어넣고 칼라 솔기선에서 0.3cm에 시침질로 고정시킨다.

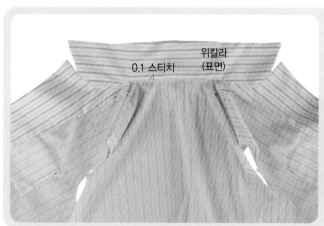

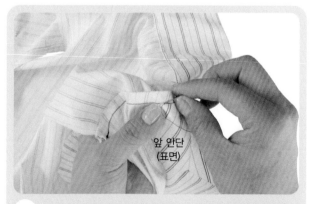

17 위칼라 쪽에서 0.1cm에 스티치한다.

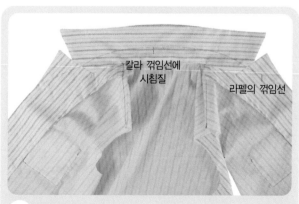

18 앞 안단의 어깨선을 몸판의 어깨선을 박은 바늘땀에 감침질로 고정시킨다.

19 칼라 꺾임선과 라펠의 꺾임선에 여유분이 틀어지지 않도록 시침질로 고정시켜둔다.

09 옆선을 박는다.

0.5 재봉

앞
(표면)

01 앞판과 뒤판을 이면끼리 마주 대어 옆선의 표시끼리 맞추고 시접 끝에서 0.5cm 폭으로 박는다.

뒤
(표면)

앞
(표면)

02 시접을 가른다.

앞
(이면)

뒤
(표면)

앞
(이면)

뒤(표면)

03 앞판과 뒤판을 겉끼리 마주 대어 옆선의 표시끼리 맞추고 핀으로 고정시킨 다음 완성선을 박는다.

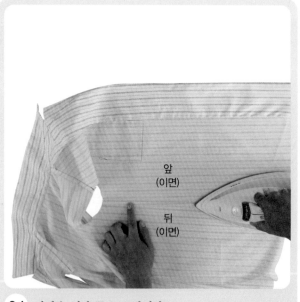

앞
(이면)

뒤
(이면)

04 시접을 뒤판 쪽으로 넘긴다.

10 소매를 만든다.

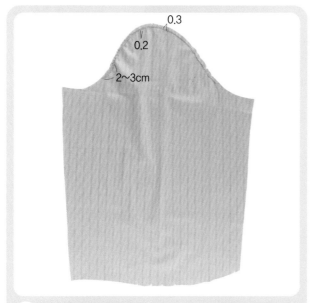

01 소매산의 완성선에서 0.2cm 시접 쪽에 시침재봉을 한 다음, 그곳에서 다시 0.3cm 시접 쪽에 다시 한 줄 시침재봉을 한다(이때 소매맞춤 표시점에서 2~3cm 내려온 곳까지 시침재봉한다).

02 소맷단 쪽의 뒤 슬래시 트임 끝 위치까지 슬래시 중심선을 자른다.

03 슬래시 트임의 시접을 두 번 접기한다.

04 슬래시 트임의 접은 시접을 접은산 끝에서 0.1cm에 스티치한다.

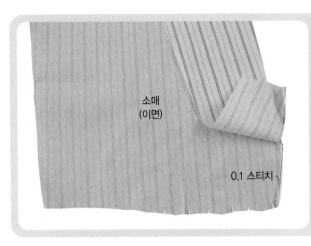

소매
(이면)

0.1 스티치

05 반대쪽 슬래시 트임의 접은 시접을 접은산 끝에서 0.1cm에 스티치한다.

턱을 잡아
고정 재봉

06 뒤 소맷단 쪽의 턱을 잡아 시접 쪽에 고정 재봉을 한다.

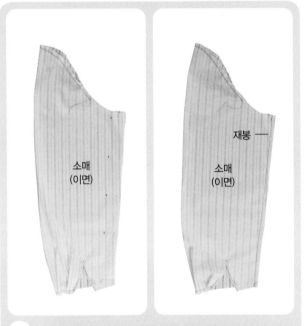

소매
(이면)

소매
(이면)

재봉 —

09 소매밑선을 겉끼리 마주 대어 표시끼리 맞추고 핀으로 고정시킨 다음 완성선을 박는다.

소매(이면)

0.5 재봉

07 소매밑선을 이면끼리 마주 대어 표시끼리 맞추어 시접 끝에서 0.5cm 폭으로 박는다.

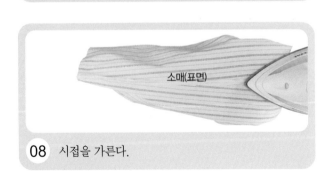

소매(표면)

08 시접을 가른다.

10 시접을 뒤 소매 쪽으로 넘긴다.

11 소매에 커프스를 만들어 단다.

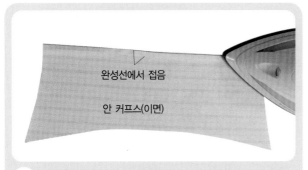

01 안 커프스의 솔기선 시접을 1cm 이면 쪽으로 접는다.

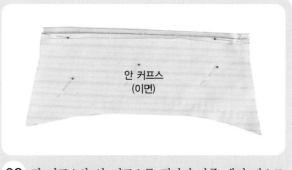

02 겉 커프스와 안 커프스를 겉끼리 마주 대어 핀으로 고정시킨다.

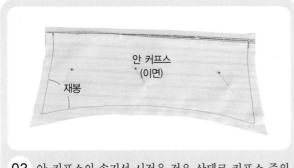

03 안 커프스의 솔기선 시접을 접은 상태로 커프스 주위의 완성선을 박는다.

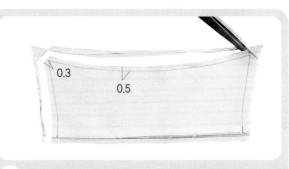

04 시접을 0.5cm로 정리하고 모서리의 시접은 0.3cm 남기고 삼각으로 잘라낸다.

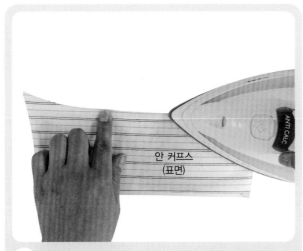

05 겉으로 뒤집어서 겉 커프스와 안 커프스가 차이 나지 않도록 맞추어 다림질한다.

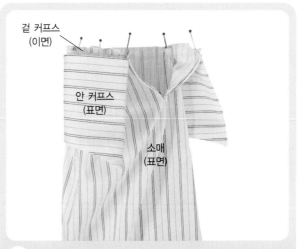

06 소매의 표면과 겉 커프스를 겉끼리 마주 대어 완성선에서 0.1cm 시접 쪽에 시침질로 고정시킨다.

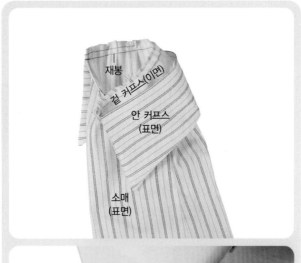

08 소매와 겉 커프스의 시접을 모두 커프스 쪽으로 넘기고 안 커프스의 완성선에서 접어 넣은 다음 핀으로 고정시킨다.

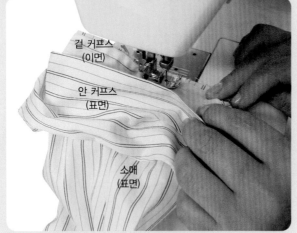

07 안 커프스를 젖히고 소맷단의 솔기 완성선을 박는다.

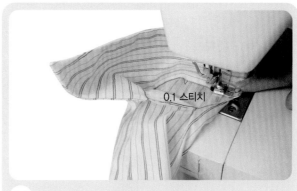

09 0.1cm 폭으로 안 커프스를 박아 고정시킨다.

12 소매를 단다.

01 소매산 시접에 시침 재봉한 윗실 두 올을 함께 당겨 소매산을 오그린다.

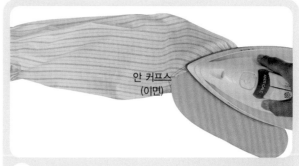

02 오그린 소매산의 시접을 프레스 볼의 곡선 모양에 맞추어 얹고 다리미 끝을 이용하여 오그린 시접을 눌러준다.

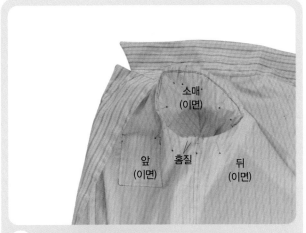

03 몸판의 어깨끝점과 소매산점을 겉끼리 마주 대어 맞
추고 핀으로 고정시킨 다음, 앞뒤 소매맞춤 표시, 겨
드랑 밑 표시끼리 맞추어 핀으로 고정시키고, 그 중
간 중간에도 핀으로 고정시킨 다음, 완성선에서
0.1cm 시접 쪽에 시침질로 고정시킨다.

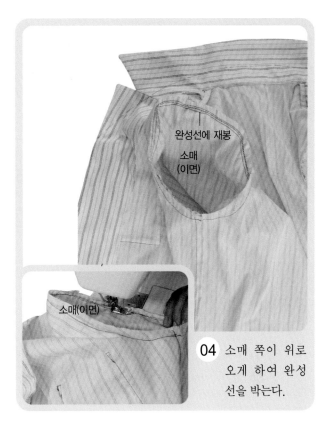

04 소매 쪽이 위로
오게 하여 완성
선을 박는다.

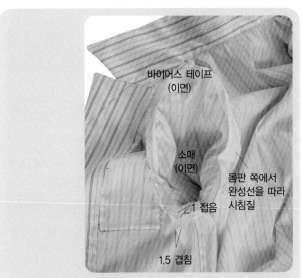

05 3cm 폭으로 자른 바이어스 천의 끝을 1cm 접은 상태
로 겨드랑 밑쪽에서 맞추어 대고 몸판 쪽에서 진동둘
레선을 박은 완성선을 따라 시침질로 고정시키고, 시
작한 곳으로 되돌아 오면 바이어스 천을 1.5cm 겹쳐
얹고 시침질한다.

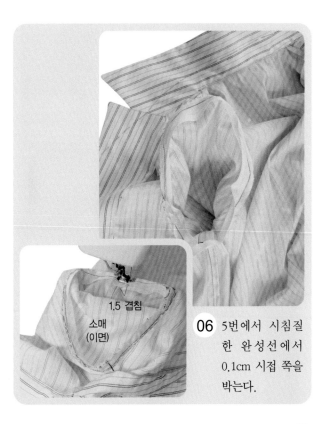

06 5번에서 시침질
한 완성선에서
0.1cm 시접 쪽을
박는다.

07 남은 바이어스 천을 소매 시접 끝에 맞추어 접은 다음, 다시 몸판 쪽의 박음선에 맞추어 접어 넘기고 핀으로 고정시킨다.

몸판
(이면)

08 완성선에서 0.1cm 바이어스 천 쪽을 박는다.

주: 바이어스 천은 진동둘레선 시접을 감싸는 것이므로 소매를 단 완성선에서 몸판 쪽으로 넘어가서는 안 된다.

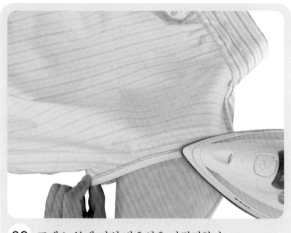

09 프레스 볼에 끼워 박음선을 다림질한다.

13 밑단선을 처리한다.

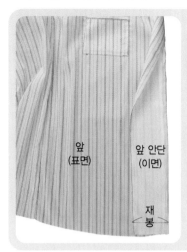

01 앞판과 앞 안단을 겉끼리 마주 대어 밑단의 완성선을 박는다.

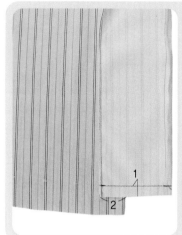

02 안단 폭의 끝점에서 2cm 남기고 시접을 1cm로 정리한 다음, 안단의 시접은 1cm로 정리한다.

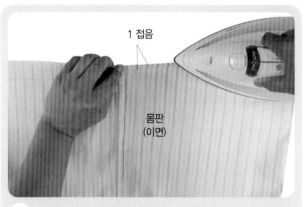

03 밑단선 시접을 1cm 이면 쪽으로 접는다.

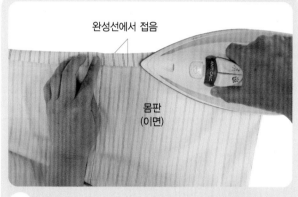

04 밑단선 시접을 이면 쪽으로 완성선에서 접는다.

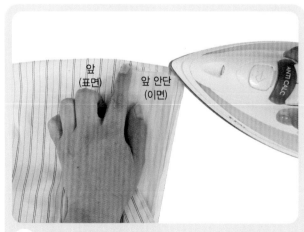

05 앞 안단 쪽의 밑단선 시접을 안단 쪽으로 접는다.

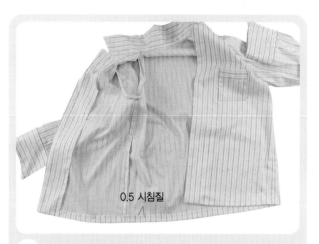

06 겉으로 뒤집어서 시접 끝에서 0.5cm 내려온 곳에 시침질로 고정시킨다.

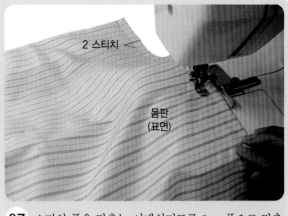

07 스티치 폭을 맞추는 어태치먼트를 2cm 폭으로 맞추어 고정시키고, 겉쪽에서 2cm 폭으로 밑단선을 스티치한다.

14 단춧구멍을 만들고 단추를 단다.

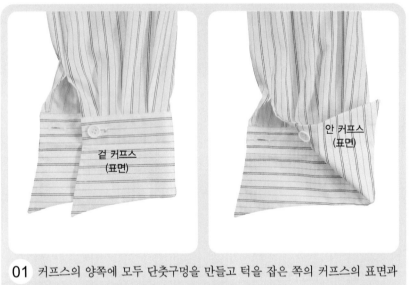

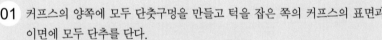

01 커프스의 양쪽에 모두 단춧구멍을 만들고 턱을 잡은 쪽의 커프스의 표면과 이면에 모두 단추를 단다.

02 커프스의 단추를 끼운 상태.

03 앞 오른쪽의 단춧구멍 위치에 단춧구멍을 만들고, 앞 왼쪽의 단추 다는 위치에 단추를 단다.

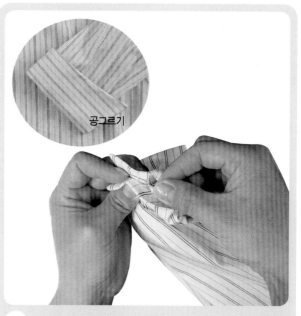

04 커프스의 꺾임선에서 겉쪽으로 접어 커프스의 윙드 쪽 폭 중앙을 공그르기로 고정시킨다.

05 마무리 다림질을 하여 완성한다(23쪽 참조).

U 네크라인 ✿ 민소매 블라우스

U Neck-Line · Sleeveless Blouse

○ **실루엣**

앞 부분을 U자 형으로 깊이 판 U 네크라인과 소매가 없이 허리를
피트시킨 오버 블라우스식으로 착용하는 시원하고 세련된 느낌의 패널
라인 블라우스이다.

○ **소재**

소매가 없고 앞 목둘레가 깊이 파인 여름용 블라우스이므로 면이
나 마, 얇은 울 소재인 트로피컬과 같은 소재가 적합하나 화섬류도 많
이 사용된다.

○ **포인트**

네크라인과 슬리브리스의 처리법을 배운다.

제도법

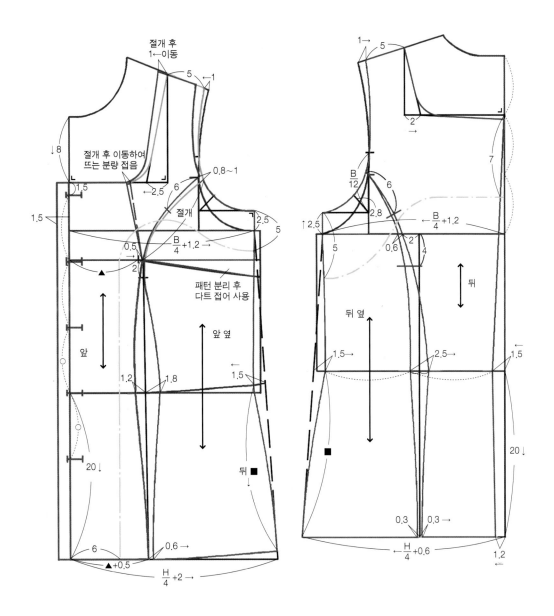

절개 후
1←이동

5←1

↓8

절개 후 이동하여
뜨는 분량 접음

←2.5

1.5

1.5

절개

0.8~1

2.5

5

$\frac{B}{4}+1.2$→

0.5

2

패턴 분리 후
다트 접어 사용

▲

앞 옆

앞

○

○

1.2   1.8

1.5

20↓

뒤 ■
↓

6   0.6→

▲+0.5

$\frac{H}{4}+2$→

1→   5

2
→

7

$\frac{B}{12}$

6

↑2.5   2.8   ←$\frac{B}{4}+1.2$

5   0.6   2   4

뒤

뒤 옆

1.5→   2.5→   ←1.5

20↓

■

0.3   0.3→

←$\frac{H}{4}+0.6$

1.2
←

─── 원형선   ─── 안내선   ─── 1차 수정선   ─── 완성선   ─── 안단선

재단법

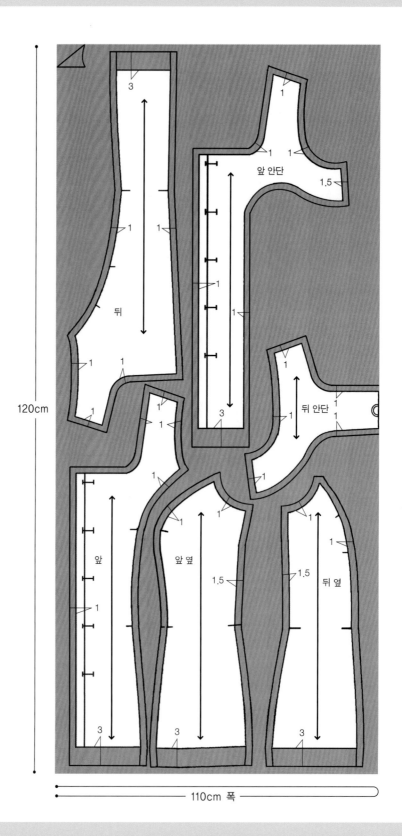

3

1

앞 안단

1   1

1,5

1

1

뒤

1   1

1

1

3

뒤 안단

1

1

1

1

1

앞

1

1

1

앞 옆

1,5

1,5

뒤 옆

1

3   3   3

120cm

110cm 폭

봉제법

How to make

01 표시를 한다.

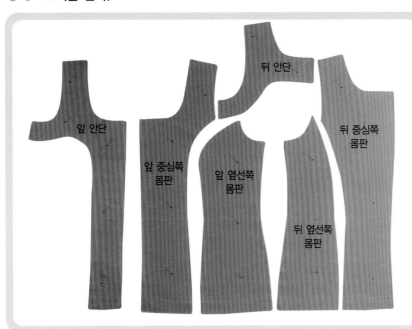

> **01** 재단시 앞뒤 안단과 앞, 앞 옆, 뒤, 뒤 옆판의 한쪽 면 완성선에 초크로 표시된 완성선을 따라 반대쪽에도 표시가 되도록 실표뜨기로 표시를 한다.

02 접착심지와 접착테이프를 붙인다.

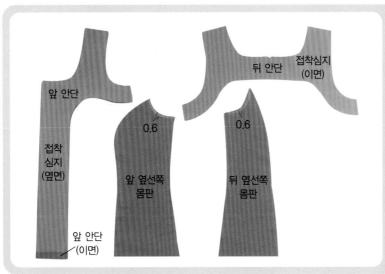

> **01** 앞뒤 안단에 접착심지를 붙이고, 앞뒤 옆선 쪽 몸판의 진동둘레선에 0.6cm 폭의 바이어스 접착테이프를 붙인다.

03 오버로크 재봉을 한다.

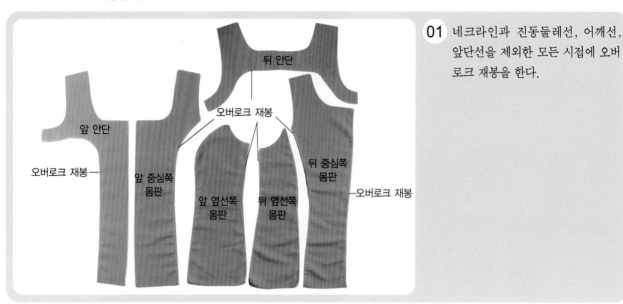

뒤 안단

오버로크 재봉

앞 안단

오버로크 재봉

앞 중심쪽
몸판

앞 옆선쪽
몸판

뒤 옆선쪽
몸판

뒤 중심쪽
몸판

오버로크 재봉

01 네크라인과 진동둘레선, 어깨선,
앞단선을 제외한 모든 시접에 오버
로크 재봉을 한다.

04 앞뒤 패널라인과 뒤 중심선을 박는다.

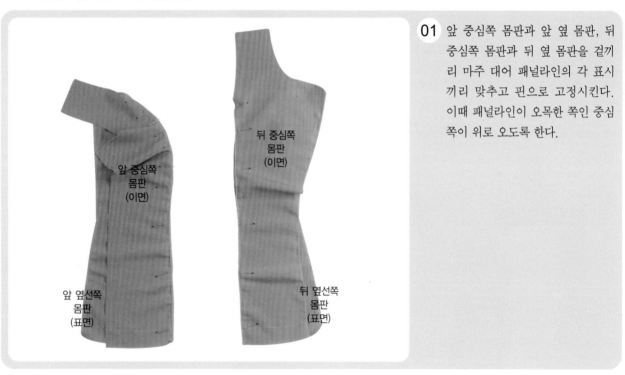

앞 중심쪽
몸판
(이면)

뒤 중심쪽
몸판
(이면)

앞 옆선쪽
몸판
(표면)

뒤 옆선쪽
몸판
(표면)

01 앞 중심쪽 몸판과 앞 옆 몸판, 뒤
중심쪽 몸판과 뒤 옆 몸판을 겉끼
리 마주 대어 패널라인의 각 표시
끼리 맞추고 핀으로 고정시킨다.
이때 패널라인이 오목한 쪽인 중심
쪽이 위로 오도록 한다.

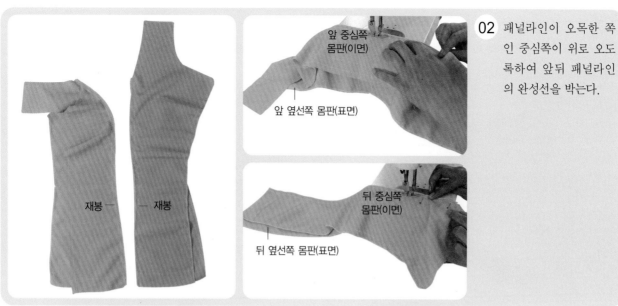

앞 중심쪽
몸판(이면)

앞 옆선쪽 몸판(표면)

02 패널라인이 오목한 쪽인 중심쪽이 위로 오도록하여 앞뒤 패널라인의 완성선을 박는다.

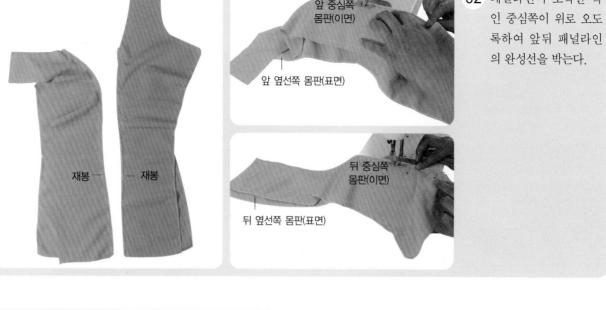

뒤 중심쪽
몸판(이면)

뒤 옆선쪽 몸판(표면)

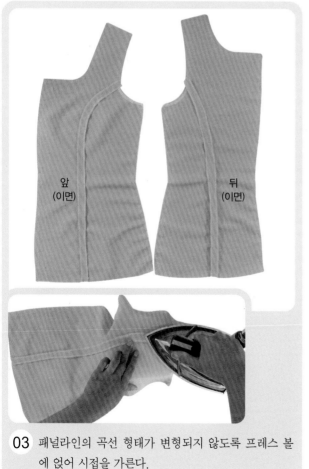

앞
(이면)

뒤
(이면)

03 패널라인의 곡선 형태가 변형되지 않도록 프레스 볼에 얹어 시접을 가른다.

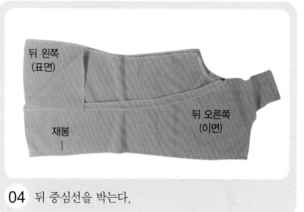

뒤 왼쪽
(표면)

재봉

뒤 오른쪽
(이면)

04 뒤 중심선을 박는다.

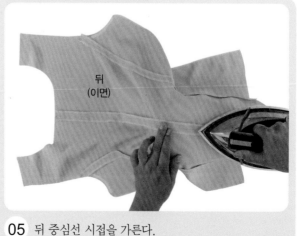

뒤
(이면)

05 뒤 중심선 시접을 가른다.

05 몸판과 안단의 어깨선을 박는다.

01 앞판과 뒤판, 앞 안단과 뒤 안단을 각각 겉끼리 마주 대어 어깨선을 박는다.

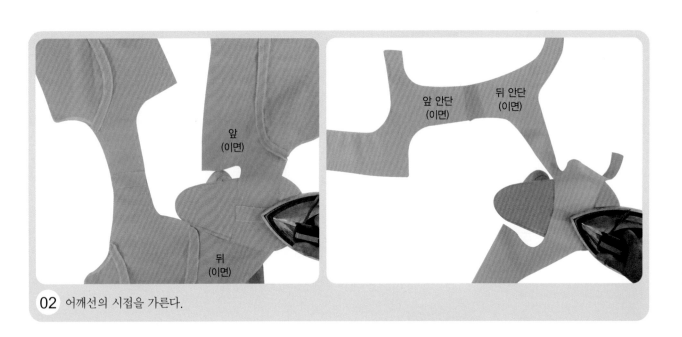

02 어깨선의 시접을 가른다.

06 몸판과 안단을 연결한다.

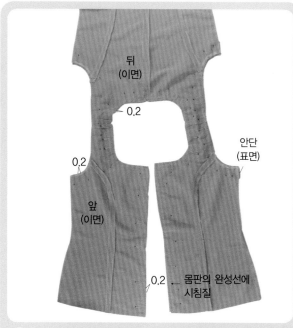

뒤
(이면)

0.2

0.2

안단
(표면)

앞
(이면)

0.2 ← 몸판의 완성선에
시침질

01 안단과 몸판을 겉끼리 마주 대어 목둘레선과 진동둘
레선의 몸판 쪽 시접을 안단의 시접단 끝에서 0.2cm
안쪽으로 밀어 핀으로 고정시키고, 몸판의 완성선에
시침질로 고정시킨다.

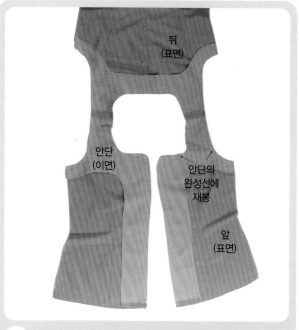

뒤
(표면)

안단
(이면)

안단의
완성선에
재봉

앞
(표면)

02 안단의 완성선을 박아 고정시킨다.

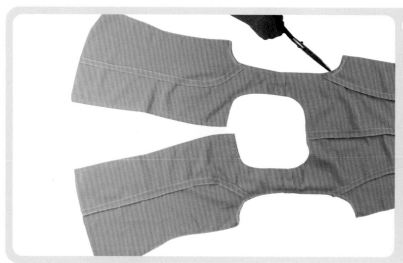

03 시침실을 빼내고 진동둘레선과 목둘레
선의 곡선 부분에 가윗밥을 넣는다.

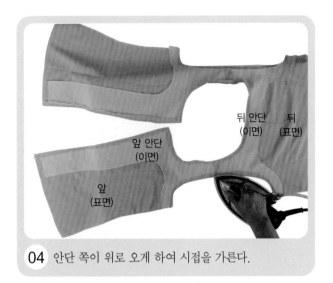

04 안단 쪽이 위로 오게 하여 시접을 가른다.

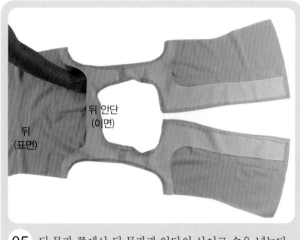

05 뒤 몸판 쪽에서 뒤 몸판과 안단의 사이로 손을 넣는다.

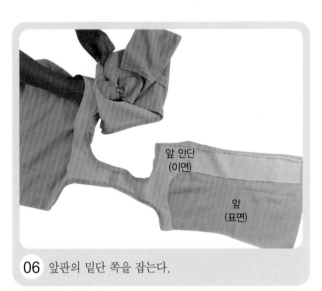

06 앞판의 밑단 쪽을 잡는다.

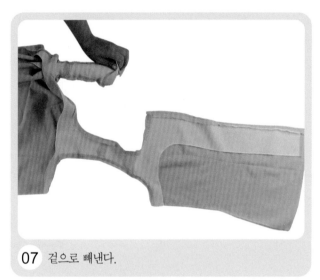

07 겉으로 빼낸다.

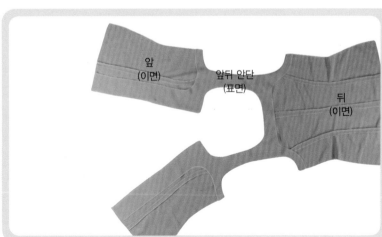

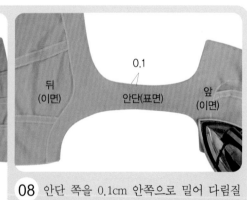

08 안단 쪽을 0.1cm 안쪽으로 밀어 다림질 한다.

07 옆선을 박는다.

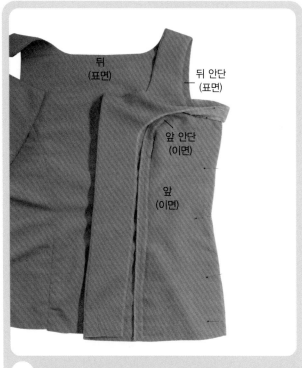

① 앞판과 뒤판, 앞뒤 안단을 겉끼리 마주 대어 표시끼리 맞추어 핀으로 고정시킨다.

뒤
(표면)

뒤 안단
(표면)

앞 안단
(이면)

앞
(이면)

재봉 ―

② 겨드랑 밑쪽 진동둘레선 시접을 모두 안단쪽으로 넘기고 안단과 몸판을 한 번에 이어 박는다.

③ 시접을 가른다.

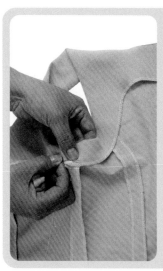

④ 옆선 쪽 안단을 몸판의 시접에 감침질로 고정시킨다.

08 밑단선을 처리한다.

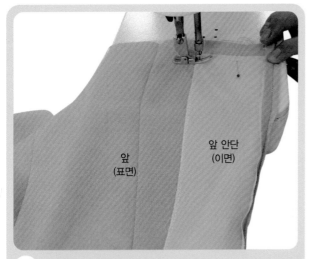

앞
(표면)

앞 안단
(이면)

01 앞판과 앞 안단을 겉끼리 마주 대어 밑단의 완성선을 박는다.

앞 안단
(이면)

1cm 남기고
잘라냄

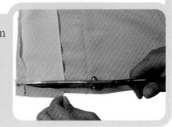

02 안단의 시접을 1cm 남기고 잘라낸다.

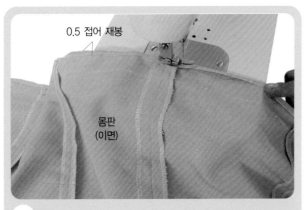

0.5 접어 재봉

몸판
(이면)

03 밑단선 시접을 0.5cm 접어 끝 스티치한다.

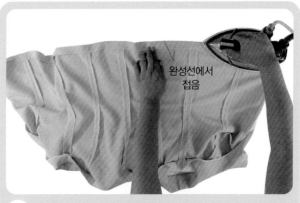

완성선에서
접음

04 밑단선 시접을 완성선에서 이면 쪽으로 접는다.

05 안단을 겉으로 뒤집어 다림질한다.

06 밑단선 시접의 단 끝에서 0.7cm 내려와 시침질로 고정시킨다.

0.7 시침질

앞 안단
(표면)

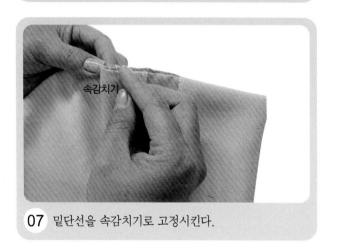

속감치기

07 밑단선을 속감치기로 고정시킨다.

08 앞 안단을 새발뜨기로 고정시킨다.

앞 안단
(표면)

새발뜨기

09 단춧구멍을 만들고 단추를 단다.

앞 오른쪽
(표면)

앞 왼쪽
(표면)

01 앞 오른쪽에 단춧구멍을 만들고 앞 왼쪽에 단추를 달아 완성한다.

10 마무리 다림질을 하여 완성한다.

01 패널라인, 옆선, 뒤 중심선이 모두 곡선으로 되어 있으므로 프레스 볼 위에 엎어 겉쪽에서 다림질 천을 엎고 스팀 다림질한다.

앞 왼쪽 안단(표면)

02 단추를 단 앞 왼쪽은 세면 타월을 네 번 접은 위에 단추 쪽이 닿도록 엎고 스팀 다림질하면 편리하다.

이광훈 *Lee Kwang Hoon*

홍익대학교 미술대학 섬유염색전공 졸업
홍익대학교 미술대학원 섬유염색전공 수료
홍익대학교 산업미술대학원 의상디자인전공 수료
홍익대학교 산업미술대학원/중앙대학교/건국대학교 강사 역임
현, 한서대학교 의상디자인학과 교수
    한국패션일러스트레이션 고문
    (사)한국패션문화협회 이사
    (사)한국의류기술진흥협회 자문위원
- 저서 : 「패션일러스트레이션으로 보는 크리에이티브 디자인의 발상방법」「재킷 제도법」「재킷 만들기」「블라우스 제도법」「원피스 제도법」「쉽게 이해하는 색채학」「원피스 만들기」
- 전시 : 패션일러스트레이션 및 Art to Wear에 관한 30여 회 전시 참여

정혜민 *Jung Hye Min*

일본 동경 문화여자대학교 가정학부 복장학과 졸업(가정학 학사)
일본 동경 문화여자대학교 대학원 가정학연구과 졸업(피복학 석사)
일본 동경 문화여자대학교 대학원 가정학연구과 졸업(피복환경학 박사)
동양대학교 패션디자인학과 조교수/학과장 역임
현, (주)소므로 대표
    이제창작디자인연구소 소장
    경북대학교 사범대학 가정교육과 강사
- 저서 : 「패션디자인과 색채」「텍스타일의 기초지식」「봉제기법의 기초」「어린이 옷 만들기」「팬츠 만들기」「스커트 만들기」「팬츠 제도법」「스커트 제도법」「재킷 제도법」「재킷 만들기」「블라우스 제도법」「원피스 제도법」「쉽게 이해하는 색채학」「원피스 만들기」

임병렬 *Lim Byung Yeul*

서울 교남양장점 패션실장 역임(1961)
하이패션 클럽 설립(1963)
관인 세기복장학원 설립, 원장 역임(1971~1982)
(사)한국학원총연합회 서울복장교육협회 부회장 역임(1974)
노동부 양장직종 심사위원 국가기술검정위원(1971~1978)
국제기능올림픽 한국위원회 전국경기대회 양장직종 심사장(1982)
국제장애인기능올림픽대회 양장직종 국제심사위원(제4회 호주대회)
국제장애인기능올림픽대회 한국선수 인솔단(제1회, 제3회)
현, (주)쉬크리 패션 생산 상무이사
    (사)한국의류기술진흥협회 고문
    2006년 한국산업인력공단 양장부문 명장 선정
- 저서 : 「팬츠 만들기」「스커트 만들기」「팬츠 제도법」「스커트 제도법」「재킷 제도법」「재킷 만들기」「블라우스 제도법」「원피스 제도법」「원피스 만들기」